U0818106

品读生活 | 优享人生

含章新实用 凤凰含章 phoenix-HanZhang

图解舒压减压

一学就会

李海涛 刘旭升 主编

江苏凤凰科学技术出版社

图书在版编目（CIP）数据

图解舒压减压一学就会 / 李海涛，刘旭升主编 . --
南京 : 江苏凤凰科学技术出版社, 2019.6
ISBN 978-7-5713-0331-0

Ⅰ . ①图… Ⅱ . ①李… ②刘… Ⅲ . ①心理压力—调
节(心理学)—图解 Ⅳ. ①B842.6-64

中国版本图书馆 CIP 数据核字 (2019) 第 095783 号

图解舒压减压一学就会

主　　编	李海涛　刘旭升
责任编辑	樊　明　倪　敏
责任校对	郝慧华
责任监制	曹叶平　方　晨
出版发行	江苏凤凰科学技术出版社
出版社地址	南京市湖南路 1 号 A 楼，邮编：210009
出版社网址	http://www.pspress.cn
印　　刷	天津旭丰源印刷有限公司
开　　本	718mm × 1000mm　1/12
印　　张	16
插　　页	1
版　　次	2019 年 6 月第 1 版
印　　次	2019 年 6 月第 1 次印刷
标准书号	ISBN 978-7-5713-0331-0
定　　价	45.00 元

图书如有印装质量问题，可随时向我社出版科调换。

序 PREFACE

在生命中养生，在心灵中舒压

经常听到周围的朋友哭诉自己最近常常失眠，睡眠质量很差。的确，在这个充满竞争的社会，我们每天都有做不完的工作、忙不完的事。各种压力从四面八方向我们扑来，烦躁、易怒等情绪及生活常见病也随之而来。你是否也深陷其中呢？

想不想偶尔放松心情，真正地享受一下人生，以此来恢复愉快、健康的身心状态，让自己充满活力，美丽自信呢？总有人会因为你以上的改变而感到生活的快乐与充实。看着那样充满志气的你，身边的人也能够感到源源不断的力量呢！

但如何才能对生活更加从容、对自己更有自信呢？

其实这并不是一件非常困难的事情，并不需要复杂的程序。静下心，用冥想来提升灵感，用瑜伽去改变僵硬的身体，用彩绘曼陀罗来缓解疲惫的内心。这样，你一定会渐渐聆听到自己内心深处传来的各种声音，贴近更加真实的自己。只有当你勇敢地面对自己脆弱的一面时，才能够发现自己的弱点，真正静下心来好好思考如何战胜自己的软弱。

一旦我们拥有了这样的能力，说不定连自己的品性都会变得完美。我们时常会因为快节奏的生活、不规律的饮食、易烦易怒的情绪而让自己在面对生活时手足无措，最后竟然连身体都发出了红色警告。遇到这种状况，你一定要将自己“托”出生活的怪圈，借助一些行之有效的方法，通过调整气息来安定自己，净化灵魂。

本书为我们介绍了三种当下最流行的舒压方法，分别是冥想、瑜伽和彩绘曼陀罗。这几种方法看似独立，却存在着千丝万缕的联系。

冥想——一个看似深奥的思维过程，却可以令处于过度思虑中的人们在短时间内安静下来，从现实世界中的嘈杂逐渐回归内心世界的安逸。这就好比充电一样，在疲劳过后能够迅速恢复体力、集中注意力、提高精神力量以及理清思绪。它通过呼吸的时间、坐姿的变化以及手印的协调，令心灵创造出“休息”的时间。哪怕是这“一口气”的时间，对长期处于高压工作状态下的上班族来说，都异常可贵！

瑜伽——这个当下最流行的“减肥”方法，的确有塑身、美体等功效。它作为流行的风向标，也有缓解压力的特效。简单的几个动作就能够令我们在短时间内摆脱焦躁，释放工作中的疲惫感。例如树式，它是瑜伽姿势练习中最基本的平衡性动作，能强化关节功能，并有助于调节体态，帮助脊椎保持正直、健康，使内脏器官保持正常功能。因为瑜伽理论认为唯有脊椎的正直与健康，才能构筑一个强大的内脏机制，避免机体因工作上的压力而出现各种不适。

最后要介绍的，是最简单的方法——彩绘曼陀罗。它需要练习者在曼陀罗前面安坐下来，从它的中心开始凝视它。观照你的思绪，仔细体会身体的任何变化。这种变化和反应可以是姿势的改变，也可以是能量的流动。让你的眼睛随心所欲地打量，然后停留在曼陀罗的任意一个特点上。只要它能让你产生联想，便可以试着稳定思绪，走出焦虑的阴影。

本书利用图解的方式介绍了如上三种舒压减压方法，让你一看就懂、一学就会。书中既有各种动作完成图，又有详细分解步骤图。另外，本书还设置了“POINT”和“EASER POSE”两个板块，可以让初学者快速掌握动作要领，并达到循序渐进的目的。

对你来说，开始的阶段的确会有些困难，但一定要持之以恒，通过这三种方法，尽情享受生命中各种奇妙的经历，体验充实感。我坚信，这些神奇的方法，一定可以帮助你在生活和工作上保持健康、愉快的状态。

目录 CONTENTS

CHAPTER 01 瑜伽 与最美好的自己相遇

CHAPTER 02 心灵瑜伽 敲开冥想的大门

CHAPTER 03 曼陀罗冥想 提升内心能量的智慧

CHAPTER 04 曼陀罗花园 身心放松的彩绘时光

CHAPTER 05 慢生活 让我们爱上冥想

CHAPTER 01

瑜伽
与最美好的自己相遇

瑜伽起源于公元前5000年，由梵文“YOGA”音译而来。一般解释为“结合”“联系”“和谐”之意。但随着历史的发展，越来越多的思想者从事瑜伽的修行，所以，瑜伽又被赋予了更深层次的含义——传承。这种传承不仅仅体现为身心合一，而且包含大宇宙（万物神圣的能量）与小宇宙（个体）的联系与沟通，以及灵魂与神结合的意义。

聆听内在之音
爱上瑜伽的六个理由

瑜伽不是宗教信仰，不是包治百病的“灵丹妙药”，它是一种生命哲学，不仅可以缓解身心上的痛苦，而且能够帮助人们达到感官与精神世界的和谐统一。练习瑜伽有诸多益处，如果是一名资深的瑜伽修行者，我们则可以直观地看到他在身体与整个精神面貌上的显著变化。

瑜伽 —— 身体健康的“守护者”

高强度的工作所带来的紧张与压力，迫使我们必须找到一种可以把喧嚣、烦恼隔离在心门之外的艺术，进而退回到内心深处去寻找遗失的平和、平衡与协调。而这门艺术正是瑜伽。

无论是哪一种流派，对修行者来说都是通往精神世界的重要工具。

所有的瑜伽动作都是通过伸展、放松和深呼吸等一系列加速血液循环、加强注意力的动作为公式的。因为瑜伽认为，在我们身体的整条脊椎中存在一个能量中枢，它从尾骨一直向上，顺延至头部。只有当整个神经中枢能如水般自由流动时，我们的身体才可以获得良好的健康状态。当身体处于这种精神状态下时，我们自然就可以不被外界打扰，集中注意力，唤醒内心深处的强大力量。

如今，人们利用瑜伽疗法来预防疾病和保养身体，因为我们知道疾病是一种自然状况，应该把更多的精力放在治疗身体和恢复健康上。人的生命具有年龄特性，营养缺乏和疾病往往导致过早死亡，除非人们具有良好的健康状态，否则单单拥有知识和能力也是无用的。良好的健康正是大自然给我们的一种恩赐，我们必须全心全意地去努力保护它。

瑜伽和一般的锻炼方式不同，虽然它的姿势是保持一段时间不动，看上去是在消耗体内的能量，事实却恰恰相反，人们在练习瑜伽后通常能够感到精力充沛、精神焕发。因此，瑜伽带给我们的不仅仅是身体上的放松，更是心灵上的“梵我一如”。

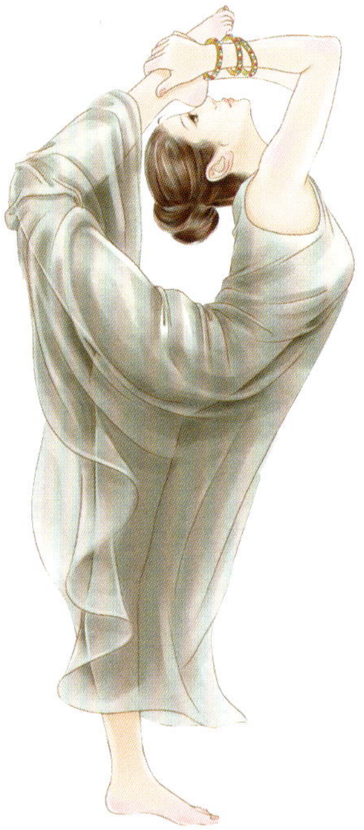

瑜伽 —— 内外兼具的美

瑜伽的每一个体位，都能够达到燃烧脂肪的功效。它的动作不仅可以较好地拉伸身体两侧的肌肉，而且有助于加快体内血液循环，改善女性内分泌功能失调等相关疾病。特别是一些扭转动作，在消除腰腹部多余脂肪的同时，还可以减缓因长期在电脑前办公而产生的腰肌劳损等常见疾病。

瑜伽 —— 激发身体的潜在能量

人们通过练习瑜伽，可以有效抗击来自外界的干扰，做到心静如水。经研究发现，一般人每天会产生大约 5 万种想法，但其中的绝大部分都是在酝酿如何回避当前。而瑜伽可以走进我们的内心世界，通过提升精神能量，改善注意力，从而达到镇静思虑、激发能量的效果。

瑜伽 —— 缓解身心压力

瑜伽可以使人抛开种种物质杂念，缓解身心压力，修复人体的受损细胞，而这是深度睡眠也无法企及的。它还可以修复机体因过度分神而造成的精力损耗。因此，长期处于高强度工作压力下的人们，不妨通过瑜伽来缓解身心压力。

瑜伽 —— 吐故纳新，舒筋活络

瑜伽体位法可帮助身体消耗脂肪，并且所有的动作都围绕着脊椎。人体内一共有 32 对神经，瑜伽的每一个动作都可以辅助消除这 32 对神经内的淤血，

从而保证人体内部经络通畅、脊椎灵活。

瑜伽 —— 调气、调血、调心

连续地工作，不允许我们停下来去思考如何找到治疗那些正在威胁我们生命或是将要产生的疾病的对症良药。久坐的生活方式、过度的饮食方式、高负荷的工作压力、没完没了的聚会应酬，这些组成了我们所谓的现代文明。人们处于这种生活环境下，身体和精神状况变得每况愈下。

在瑜伽各种体位的基础上配合呼吸，既能增强血液的流通，又可以对身体上的经络穴位产生刺激，从而达到调气、调血、调心的功效。

瑜伽 —— 舒缓神经系统

瑜伽系统认为，神经系统的健康是整个身心健康中最为重要的。通过瑜伽的各种动作，不仅可以改善人体的内分泌系统，而且可以调节腺体分泌；在增强身体灵活性的同时，使代谢水平趋于正常、神经系统恢复健康。

瑜伽呼吸法
提高生命的能量

腹式呼吸法 Abdominal breathing

锻炼腹部肌肉，促进全身血液循环

腹式呼吸法是瑜伽三大呼吸法之一，在练习瑜伽体位和冥想时被广泛地应用。瑜伽腹式呼吸法，也是掌握瑜伽完全呼吸法的基础，初学者可以通过这种方式对从外部吸入的气体进行控制，以达到锻炼腹肌、增加肺活量的良好效果。

完成式

吸气时，缓慢将气体吸入肺的底部且逐渐加深，腹部向外，脊椎直立且收紧。呼气时，腹部紧贴脊椎部位向内收紧。

1 弯曲左膝，将左脚放于右侧大腿旁。弯曲右腿，右脚脚背放于左腿上。坐骨神经痛患者与脚踝有伤者不宜做此动作。双手大拇指和食指相抵，放于双侧膝盖上。

2 将右手搭于中腹部，左手自然垂放。吸气时小腹像气球一样慢慢地鼓起；呼气时，腹部向身体内侧贴近。

胸式呼吸法 Pectoral type breath

改善体循环，净化血液，令身心回归

胸式呼吸法是瑜伽常用的呼吸法之一，它虽没有腹式呼吸法应用广泛，却是最接近我们日常使用的呼吸方法。它的特点是运用肺部的中上部参与呼吸过程，而腹部保持相对静止。这样的呼吸方法可以帮助我们平衡心态，有效将废气排出体外。

完成式

双手十指交叉举至头顶。缓慢将气体吸入胸部区域，腹部应保持相对静止。当吸气量加大时，腹部向内收紧。呼气时，缓慢地将污浊之气排出体外。

1 选一种瑜伽坐姿坐好，腰背挺直。双肩放松，下部稍往外收。如果感觉身体后倾或驼背，可以在臀部放一个垫子，以保证脊椎正直。

2 将双手轻搭在肋骨处，慢慢吸气，感觉肋骨向外扩展且向上提升即可。慢慢地呼气，此时应感觉肋骨向内收且下沉。

完全式呼吸法 Completely breathing

调节内分泌失调，缓解内脏压力

完全式呼吸法就是把瑜伽的胸式呼吸法和腹式呼吸法结合在一起的呼吸方式。它是瑜伽最完整、充分、基本的呼吸方法。瑜伽完全式呼吸法不仅能有效地清理我们身体内部的毒素，补充生命元气，对心灵的宁静、专注力的提高都有显著的效果。

1 弯曲左膝，将左脚放于右侧大腿上。双手搬右脚置于左侧大腿上。腰部伸直，胸部自然挺起，双腿、双膝尽量贴地。双手大拇指和食指相抵，置于双膝上。

2 左手放于肋骨处，右手放于中腹部。放松腹部时，尽量将气体呼尽，感受肋骨和腹部的运动。

完成式

双腿交叉盘坐，双臂于背部交叉，双手分别与脚相握。将气体先吸入腹部，然后渐渐充满整个胸腔。呼气，先放松胸部位置，再放松腹部位置。收紧腹部来结束整个呼吸过程。

内外兼具的美
带来健康与自信的九种体式

直角式 Samakonasana

塑造身体曼妙曲线，消除工作疲劳

直角式适合长期不运动或第一次接触瑜伽的人。这个体式可以很好地帮助我们缓解自身的僵硬感，并增强下肢的平衡性。这个动作充分锻炼了腰部的力量，不仅可以纠正身体因不正确的坐姿而引起的脊柱弯曲，而且能消除高强度工作带来的紧张感。

EASIER POSE

初学者在练习此动作时，若感到身体僵硬，无法保持平衡，可以先将双臂放于身体前方的椅背上，以达到伸展韧带的效果。

POINT
在保持身体平衡后充分下压
背部与地面平行，双腿垂直于地面，有助于锻炼身体的平衡。

POINT
重心放于双脚
双腿与地面保持90°垂直，切勿弯曲。这个体式对长时间在电脑前工作的白领们，可以起到缓解压力的功效。

直角式动作分解

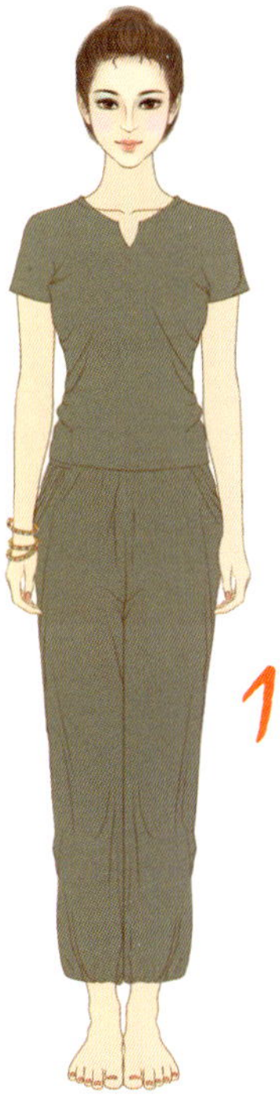

1 双脚并拢，膝盖伸直，双手臂垂于身体两侧。

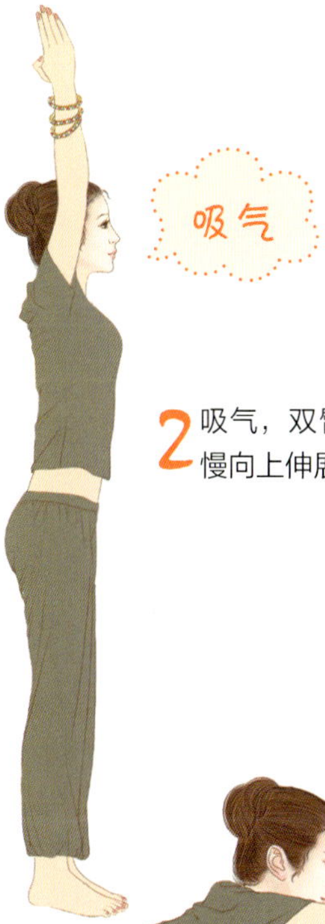

2 吸气，双臂慢慢向上伸展。

3 十指在头顶上方相合，身体向上拉伸。

4 呼气，双臂带动上半身向下伸展，保持身体呈直角，眼睛平视正前方。

树式 Vrksasana

灵活调动全身关节，身体在冥想中成长

树式是一个锻炼身体平衡能力的姿势，不仅可以活动全身的关节，还能够促进身体血液循环。我们在练习的时候可以把自己想象成一棵大树，无论四季如何轮转、如何变化，我们都能有所成长、有所收获。

EASIER POSE

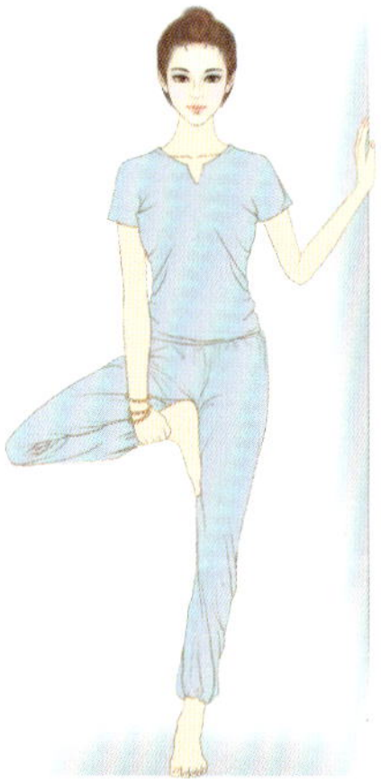

左手扶着墙壁，右手抬起右腿呈半莲花姿势，吸气的同时提臂且保持这个姿势 5~10 秒。

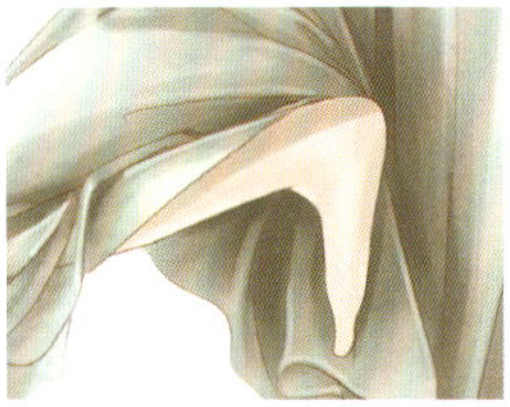

POINT

脚后跟贴于会阴处

右脚脚后跟置于会阴处，脚趾指向下方。头部、颈部、脊椎尽量保持在同一直线上。

POINT

肘部伸直，提气站立

吸气时，手臂伸直，肘部不可因疲劳而随意弯曲。双手高举，合十于头顶部。

树式动作分解

1 双脚并拢站立，双手垂放于身体两侧。

吸气

2 吸气，弯曲右膝，将脚后跟置于左大腿内侧尽量高的位置，贴紧会阴处。

3 双手呈“祈祷”姿势。

4 双手置于胸前合十，上半身保持直立。

三角伸展式 Utthita Trikonasana

呵护心轮，增加身体灵活性

三角伸展式是瑜伽中经典的姿势之一，身体所呈现的诸多不对称三角形不仅可以增加身体的灵活性，还可以增强双腿间的肌肉弹性。通过举起一侧手臂，扩展胸腔，既可以调理脊神经，又可以达到保护心轮（心脏能源中心）的功效。

EASIER POSE

身体紧贴墙壁，手放在左脚前的瑜伽砖上，若是颈部有风湿性关节炎等疾病，可以让头部面向正前方，同时轻松地呼吸。

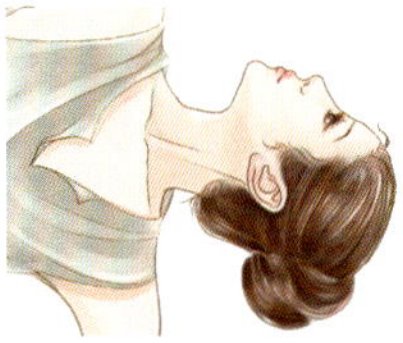

POINT

三点一线

大腿肌肉绷直收紧，脊椎、颈部、头部需保持在同一条水平线上。上半身与下半身尽量呈90°。

POINT

手臂竖直伸展，充分体现女性特有的胸部曲线

背部与地面平行，一手臂向上方伸直，另一手臂垂直于地面，有助于保持身体的平衡，目光朝向举起的手臂。

三角伸展式动作分解

1 双脚打开与肩同宽，将自身重量均匀分布在脚后跟、脚趾上。

2 吸气，右脚向外侧旋转 90°，左脚向内旋转 45°，双臂平举，与肩同高。

3 身体向右侧倾斜，胯部不动且手臂和手指尽量向右侧伸展。

4 呼气，右手手臂向下垂直于地面，右手手背置于右小腿前，同时上举左手手臂，使之与背部、颈部及右手手臂处于同一直线上。目光看向左手指尖的方向。

新月式 Ardha Chandrasana

增强骨盆区血液供应，缓解坐骨神经痛

新月式是劈叉式的准备性动作，虽然它不属于脊椎扭曲式的范围，但是在这个姿势中，一条腿向身体后方伸展，可增加骨盆区域的血液供应，有效预防和缓解坐骨神经痛等病症。在练习的过程中，要尽可能保持脊椎正直、胯部持平。

POINT

脊椎保持水平方向正直

上半身向前微压，以左胯前段有拉伸感为准，脊椎、颈部、头部保持在同一水平线上。

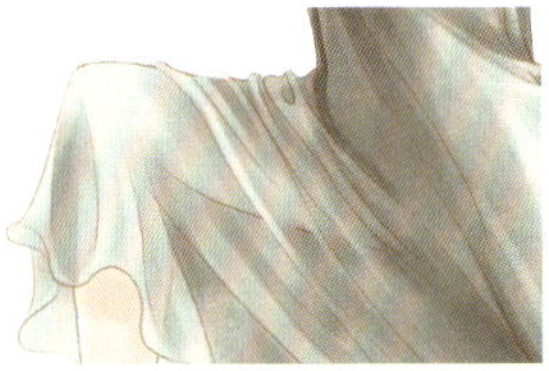

POINT

大腿保持与地面水平

右侧弯曲腿的大腿部分与地面保持水平，双手合十，脊椎直立；同时，目光向正前方平视。

EASIER POSE

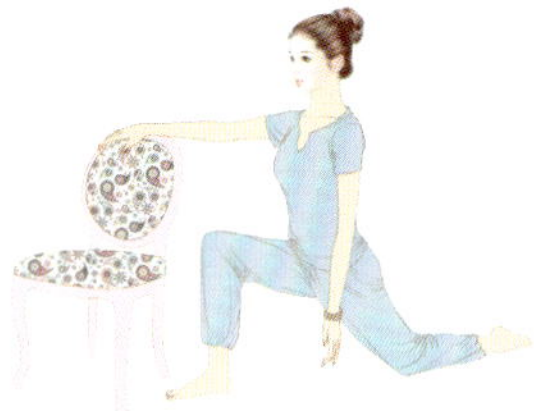

初学者在开始练习这个姿势时，不要过度伸展，以免拉伤肌肉。可借助一把椅子帮助身体处于相对静止状态。

新月式动作分解

1 跪立，双脚脚踝并拢，双臂自然垂于身体两侧，腰背挺直。

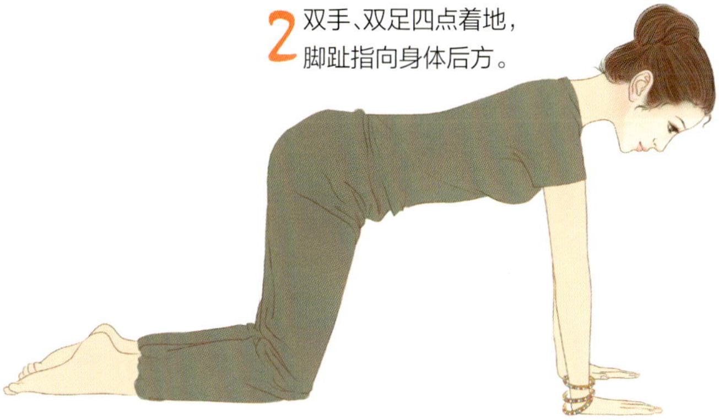

2 双手、双足四点着地，脚趾指向身体后方。

3 吸气，右腿向前，右脚后跟置于右膝下方，上半身向正前方下压。

4 呼气，抬起上半身，双手合十呈“祈祷”姿势，目视前方。

鸟王式 Garudasana

双臂间的环绕，锻炼平衡性的同时放松身心

“Garuda”在梵文中的意思是“鹰”，有“百鸟之王”的寓意。在印度神话中，它是毗湿奴的坐骑。鸟王式是锻炼平衡感和协调感的一个极佳姿势。通过手臂的连续环绕动作，不仅可以锻炼肩部的灵活性，而且能够消除上臂的赘肉。这个体式的重点是双腿以及全身上下的平衡能力。当你做完整套动作时，会感到前所未有的放松和舒畅。

POINT

双手呈“祈祷”姿势

双手不是单纯地合十，而是将两个大拇指相互叠加后再将双手重合。

POINT

膝盖略微弯曲，但幅度不宜超过90°；同时上半身需要与地面保持平衡，头部略微上仰，保持这个姿势10秒，可锻炼身体的平衡性及稳定性。

EASIER POSE

初学者在练习这个姿势时，可先从简单的直背弯曲开始，手掌动作可选择右手抓住左手大拇指，然后双手抱拳。

鸟王式动作分解

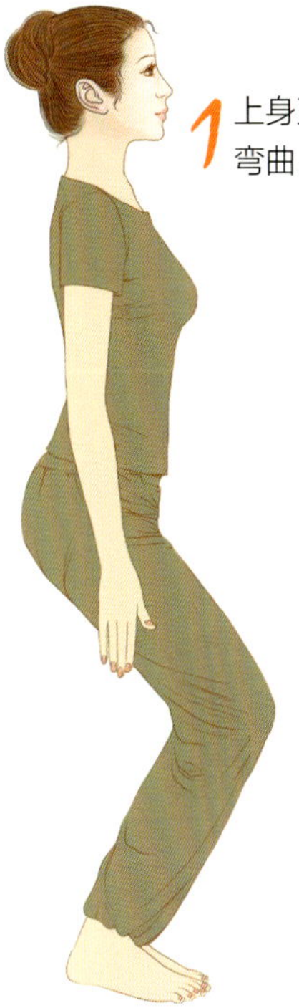

1 上身直立，双膝略微弯曲。

吸气

2 吸气，右腿于左腿前方交叉，背部挺直，继续保持弯曲姿势。

POINT

保持平衡是首要条件

初学者若不能很好地把握这个动作，可在双腿交叉后脚尖略微点地，以保持身体平衡。

3 双手大拇指相叠，呈“祈祷”姿势。

呼气

4 吸气，背部挺直，目视前方，双臂环绕后向身体前方 45° 方向伸展。

舞者式 Natasana

增强肌肉自身弹性，全方位调动关节力量

舞者式是练习瑜伽一段时间后可以开始进入的体式之一，当我们身体的力量和弹性逐渐增强的时候，再开始接触这个体式就显得简单了。在练习的过程中，通过对腰部、背部、臀部力量的控制，不仅可以令胸部得到完全的扩展，而且所有的脊椎关节都可以从中获益。

POINT

目视前方45°

视线看向左侧手臂45° 处；此时，支撑腿保持绷直，与地面呈90° 。

POINT

用右腿的力量提升上半身

抬高右腿，在身体可控制的范围内尽量抬高。收腹的同时保持身体平衡。

EASIER POSE

借助瑜伽球可以帮助我们在富有挑战性的姿势中找到平衡。将球放在前方 1.5 米处，右手手掌压在球的顶部，把身体重心转移到右脚处，同时用左手抬起左腿即可。

舞者式动作分解

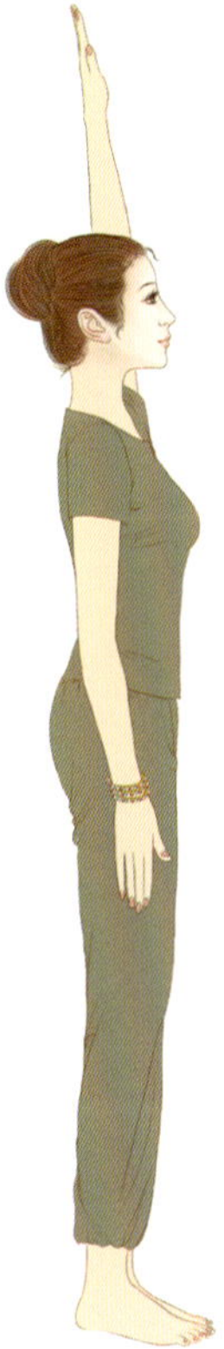

1 左手高举过头顶，手臂伸直。右手垂放于体侧。

2 挺胸提臀，右手抓住右脚脚踝。

3 吸气，右手将右腿拉起，身体前倾，目视前上方。

4 呼气，双手呈“祈祷”姿势，身体回正，稍事休整后将右腿缓慢放下。

舞王式 Natarajasana

上半身的充分伸展，展现女性内在蜕变

舞王式是印度舞蹈之神湿婆所创造的独特动作，它具有将宇宙摧毁并重建的寓意。它不仅代表宇宙间能量的波动，也寓意了个体内在的蜕变。它被人们称为最高难度的平衡动作，但同时也是给予上半身充分伸展与平衡的完美体式。

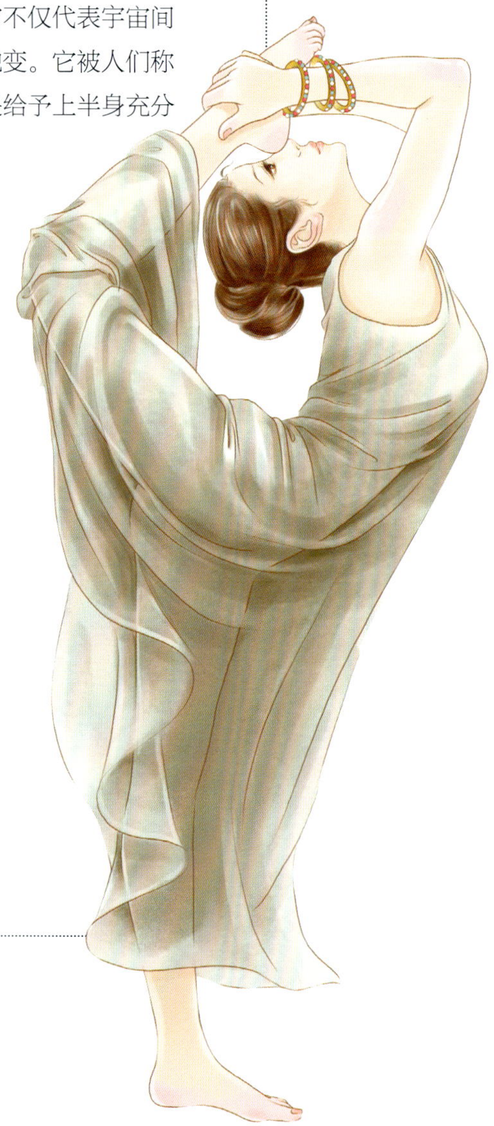

POINT

最大限度地提高柔韧度

脚踝部与头顶接触，脚后跟尽量碰触鼻尖；吸气的同时，收紧腰部。

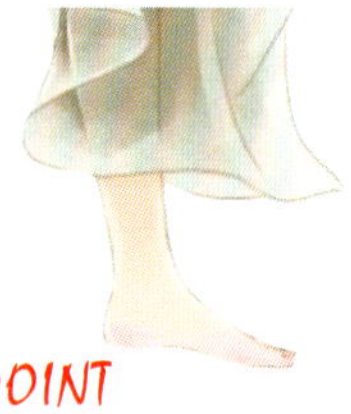

POINT

促进血液循环，小腿更苗条

支撑腿与地面保持90°，切勿弯曲；长时间保持这个姿势，可以很好地塑造腿部的优美曲线。

EASIER POSE

如果在练习时感到吃力，可以借助瑜伽绳或毛巾对身体加以控制；切勿过度用力，以免出现肌肉拉伤等情况。

舞王式动作分解

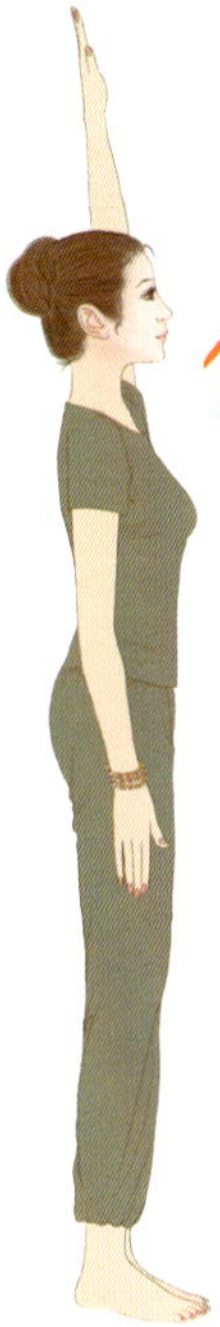

1 左手手臂高举过头顶，右手自然垂于体侧。

吸气

2 吸气，右手抓住右脚脚踝并拉起，身体保持直立。

3 右手将右腿拉起，身体前倾，目视前上方。

4 右腿尽量抬高，左臂向前平伸。

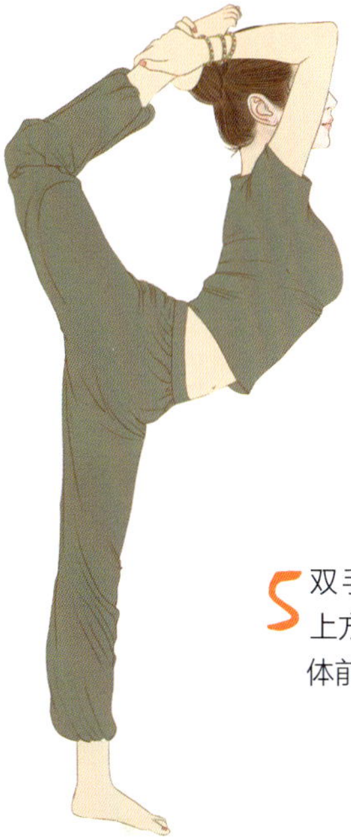

呼气

5 双手将右腿向头顶上方拉伸，呼气，身体前倾，目视前方。

战士第二式 Virabhadrasana Ⅱ

缓解久站带来的肌肉痉挛

战士第二式是高难度的前曲体式的一个过渡练习，它可以令腿部的肌肉更加强健、匀称。对于长时间站立的白领们，通过这个体式的练习，既可以缓解大腿和小腿的肌肉痉挛，也能够增强腿部和背部的肌肉力量。

POINT

膝盖与地面保持水平

右大腿和小腿呈90°，膝盖不要超过脚踝，与地面保持水平。吸气的同时脊椎和头部向上伸展。

POINT

后方脚绷直

左脚在后撤时，要保持绷直状态，且不可因疲劳而弯曲。

EASIER POSE

在呼气后要保持这个姿势 3~8 个呼吸的时间。如果初学者感到吃力，可以借助椅子以达到对肌肉拉伸的功效。

战士第二式动作分解

1 面朝前方，呈战士第一式站立。

2 双臂从身体两侧抬起，与肩保持水平。右脚向身体外侧偏转 90°，左脚尽量保持原位不变。

3 吸气，脊椎向上伸展，颈部右转。

4 呼气，掌心向下，弯曲右膝，右脚绷直。

加强侧伸展式 Parsvottanasana

强化脊椎部位的弹性，柔软身体内侧肌肉

加强侧伸展式，能够有效缓解背部、臀部、腿部肌肉的僵硬和紧张感。当我们的头部接触到膝盖时，腹部的器官也能够获得有效的收缩。如果我们可以坚持练习这个动作，不仅可以纠正肩部下垂，还可以令脊椎变得富有弹性。

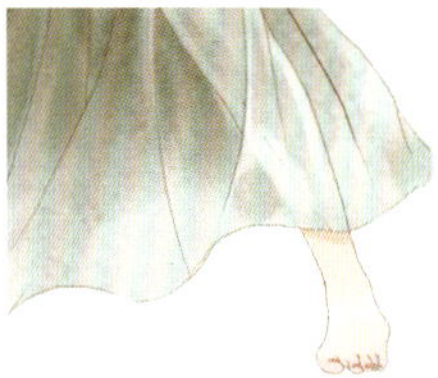

POINT

小腿绷直，脚尖切勿踮起

伸展脊背，上半身尽量向前倾，但要注意紧绷小腿，且脚尖不要踮起。

EASIER POSE

如果觉得双臂呈“祈祷”姿势很难把握好平衡，可以在地面上放上1~2块瑜伽砖，从单侧手臂弯曲开始这个体式的练习。

POINT

头部贴近腿部

上半身前倾的同时，尽量让头部紧贴于大腿，双手合十，放于背后。

加强侧伸展式动作分解

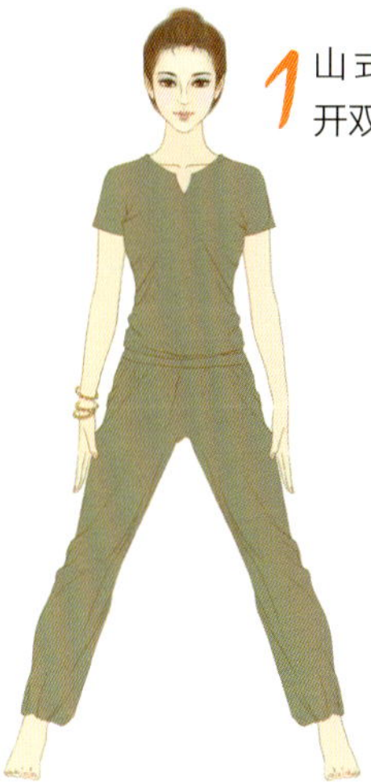

1 山式站立，分开双腿。

2 右脚向外打开90°，左脚向内侧打开45°。

3 将身体向右侧转，脚部固定，重量压在双腿上。

4 呼气，手臂反向身后，呈“祈祷”姿势。

5 吸气，上半身向前倾至自己最大限度，伸展脊椎。

激发身体潜在能量
提升工作效率的七种体式

牛面式 Gomukhasana

全方位展现东方女性的柔美身姿

牛面式是一个有趣、优美和极为常见的经典瑜伽体式，它集古典与现代气息瑜伽于一身。练习这个姿势，不仅能够为你的臀部和肩部创造足够的空间，还可以释放你的情绪和顺畅你的呼吸，从头到脚给你带来一种“轻飘飘”的感觉。由于关节肌肉的活动，一些部位的血液循环会得到改善。

EASIER POSE

初学者如果双手不能在背后相扣，可以用瑜伽带或毛巾来代替，双手抓住带子；臀部可以坐在瑜伽砖上或坐在一个叠好的厚垫子上。

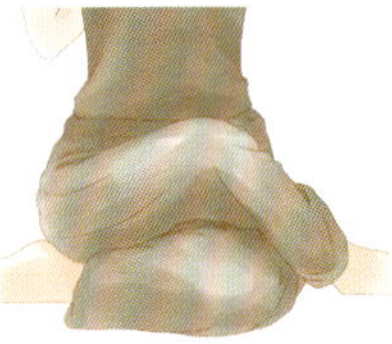

POINT

右侧大腿向会阴处靠近

右侧大腿尽量向内侧收紧，与此同时，保持头部直立。

POINT

手臂与脊椎呈一条直线

双手手臂与躯干在背部保持对称。

牛面式动作分解

1 跪于地面上，脚心向上，双手撑地。

2 双腿交叉，右腿置于前方，双腿相互接触。

3 吸气，臀部坐在双脚脚跟之中，双腿分开，保持背部挺直，双手垂放于两侧。

4 呼气，右肘弯曲，置于背部；抬起左前臂，抓住右手肘尖。

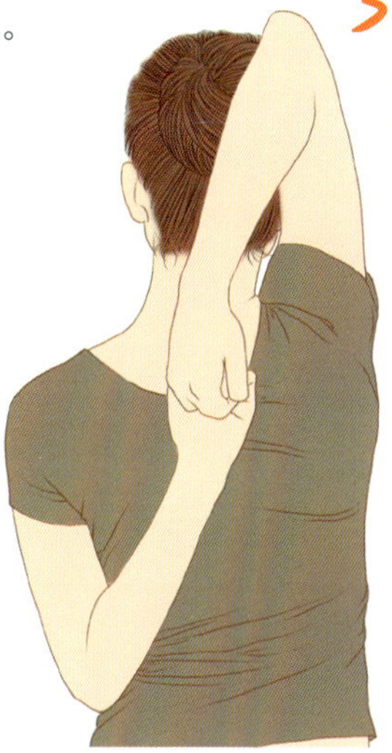

5 双手在背后紧紧相扣，双手相扣的直线和脊椎保持在同一水平线上。

战士第一式 Virabhadrasana Ⅰ

缓解肩部和背部的肌肉痉挛

战士第一式比较消耗体力，因此心脏较弱的人不宜做。这个体式可以使胸部得到完全的扩展，有助于深度呼吸。它可以缓解肩部、背部的僵硬状态，强健脚踝、膝盖。

POINT

视线平行于两侧手臂

左右手臂均要与肩保持水平，目光平视两侧手臂。

EASIER POSE

我们在呼气后要保持这个姿势 3~8 个呼吸时间。如果初学者感到吃力，可降低身体下压的深度以达到对肌肉的拉伸效果。

POINT

膝盖保持与地面水平

右大腿和小腿呈90°，膝盖不要超过脚踝，与地面保持水平。吸气的同时，脊椎和头部向上伸展。

战士第一式动作分解

1 身体呈山式站立，双脚并拢，膝盖伸直，手臂垂于身体两侧。

2 双臂举至头顶上方，两掌心相合。

吸气

3 吸气，双腿分开，双臂打开，与地面保持水平，目视前方。

呼气

4 呼气，右腿和上半身向右侧转 90° ，屈右膝，右大腿与地面保持平行；双手举过头顶，合十。

5 头部向上，双目注视合十的手掌，保持这个姿势 20~30 秒。

骆驼式 Ustrasana

促进血液循环，净化内在灵魂

骆驼可以通过驼峰保持水分，进而在沙漠中生存下来。当它们需要水分的时候，可以通过驼峰随时把养分输送给身体各个部位。同样，我们把知识储存在大脑里，当我们可以灵活运用这些知识的时候，灵魂也得到了深度净化。因此，练习这个姿势不仅可以促进血液循环，美化身体曲线，还可以使大脑充满活力。

POINT

下半身保持垂直

大腿与小腿保持90°，胸部与地面保持平行。

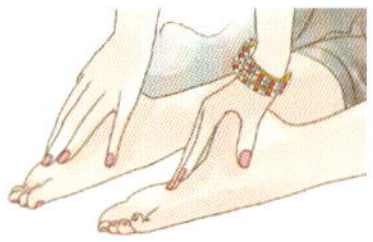

POINT

手、脚相触

手臂不可弯曲，双手轻轻放在脚后跟处。

EASIER POSE

如果初学者对自己的柔韧性没有确切的把握，或是担心过度拉伸躯体会导致损伤，可以先从这个简单的姿势进入骆驼式。双手搭在腰侧，上半身略微向后伸展即可。

骆驼式动作分解

1 双膝跪在地上，上半身保持正直，双臂垂放于身侧。

2 吸气，身体向后仰，右手放于右脚脚后跟处，左手处于身体一侧。

3 左手也放于左脚脚后跟处，呼气，将手臂和肩膀向后打开，使胸部开阔。

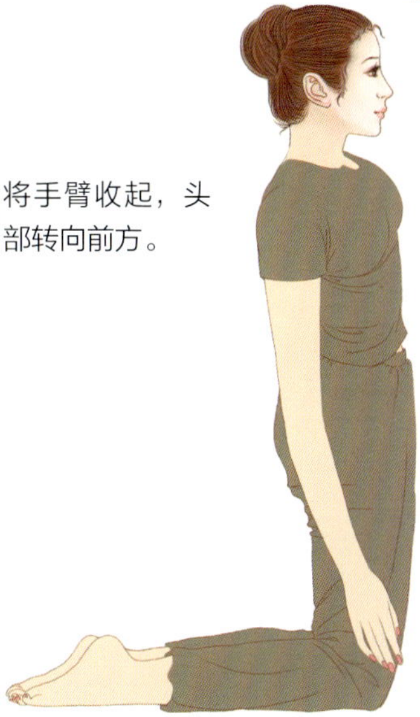

4 将手臂收起，头部转向前方。

5 弓起背部，含胸，之后回到第一步的动作，一个完整的体式结束。

鸽子式 Kapotasana

扩展女性骨盆，保持生殖器官的健康

鸽子式是瑜伽经典体位之一，很多练习者都希望能够将鸽子式完成得优美又标准。但想要完成鸽子式，就需要提高肩膀和双腿的柔韧性。在这个体式中，由于骨盆区域得到了很好的扩展，所以对生殖器官而言也起到了很好的保护作用。

EASIER POSE

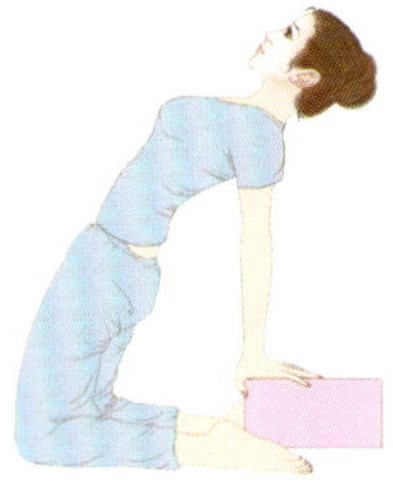

初学者若不能很轻松地完成这个姿势，可先从简单的动作开始。正如图中所示，跪坐在地上，借助 1~2 块瑜伽砖将身体尽量向后仰，双手按住瑜伽砖。

POINT

臀部向内侧收紧

大腿绷直，臀部向内收，令骨盆尽量靠近头部。

POINT

双手搭于脚掌处

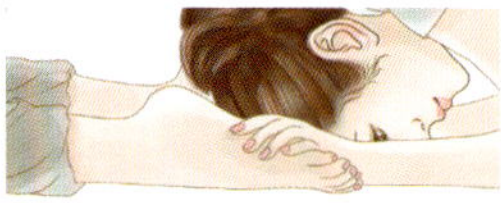

双手与脚掌重叠，可使腰部得到充分伸展。

鸽子式动作分解

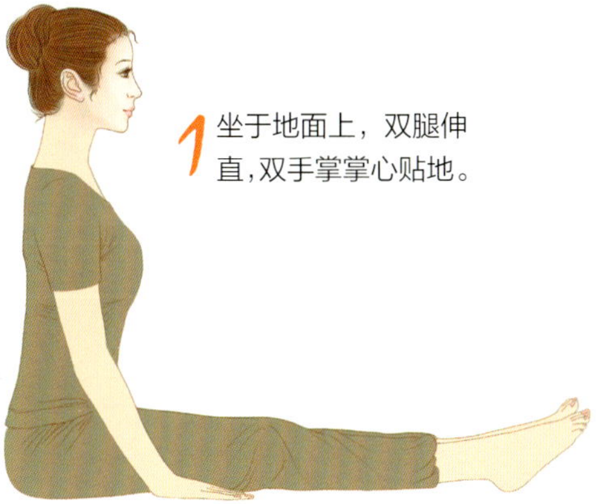

1 坐于地面上，双腿伸直，双手掌掌心贴地。

2 保持英雄坐坐姿。

吸气

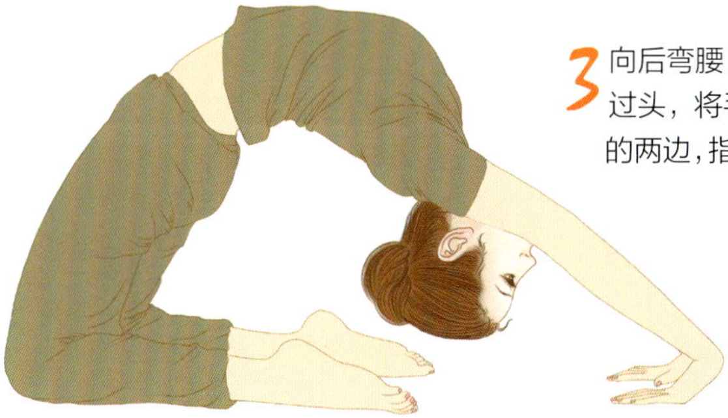

3 向后弯腰，双臂伸展过头，将手掌放在头的两边，指尖朝内侧。

4 吸气，把身体的重量放在手掌中，手掌搭于脚掌上，从膝盖部位逐渐撑起身体。

呼气

5 呼气，伸展整个脊椎。

双角第一式 Prasarita Padottanasana Ⅰ

稳定情绪，增强器官的能量

双角第一式不仅可以强健并伸展内侧及后侧腿部肌肉，以及增强整个脊椎的协调性，还能够调节腹部器官，加强消化器官的功能。这个体式可以令大脑保持平静，有助于血液循环，使心脏得到充分的休息。

EASIER POSE

在这个体式中，腿部的外展会得到全方位的伸展。初学者在练习这个姿势的时候，难免会因为身体肌肉僵硬而无法顺利进行。此时，我们可以借助 1~2 块瑜伽砖来辅助身体更好地延伸。

POINT

身体重量放于双腿上

头部接触地面，用双腿的力量支撑整个身体。

POINT

双手逆向平铺于地面

肘部弯曲，双手、双脚、头部在同一直线上，双手手指指向头后部。

双角第一式动作分解

1 身体呈山式站立。

2 双腿分开，大于肩部宽度。

3 手放在腰间，头部上仰，身体略向后倾斜。

吸气

4 吸气，身体向前，腿部绷直，并尽量外展，双手置于地面上，与肩同宽，眼睛直视前方。

呼气

5 抬头，背部下压。

6 头顶地，弯曲肘部，手指指向头后部，将身体的重量放于两腿之间。

战士第三式 Virabhadrasana Ⅲ

改善腿部线条，尽现女性的端庄、柔美

战士第三式可以调整体态，加强腹部和腿部的力量，使脊椎和身体的肌肉均衡发展，更具有弹性；还可以加强平衡感，使思维保持清晰。将一侧腿牢固地站立于地面上，不仅可以促进胃部收缩，还可以矫正举止仪态，传达和谐之声。

EASIER POSE

如果身体无法保持平衡，可以先借助一把椅子练习此姿势。但要注意：手臂、头部、抬起的一条腿要保持在一条水平线上。

POINT

双手呈“祈祷”姿势

双手合十，呈“祈祷”姿势；手臂不可弯曲。

POINT

腿部平行于地面

保持腿部水平，且腰部用力以便更好地保持平衡姿态。

战士第三式动作分解

1 从战士第一式的最后一个动作开始。

呼气

2 呼气，身体稍向前倾，手臂伸直。

吸气

3 吸气，逐渐将身体重心放于右腿上，左腿抬离地面。

4 继续抬高左腿，同时身体向下压。保持左腿与地面平行，手臂、头部、身体保持在同一水平线上。

弓式 Dhanurasana

改善胃肠功能，缓解腰部关节疼痛

弓式具有伸展肩胛骨，促进腹部器官血液循环，改善消化功能的功效。由于这个体式是通过脊椎向后而得到伸展的，所以年纪大的练习者要做好充分的准备活动。患有腰椎间盘突出症的人可以通过练习弓式来缓解病痛。

EASIER POSE

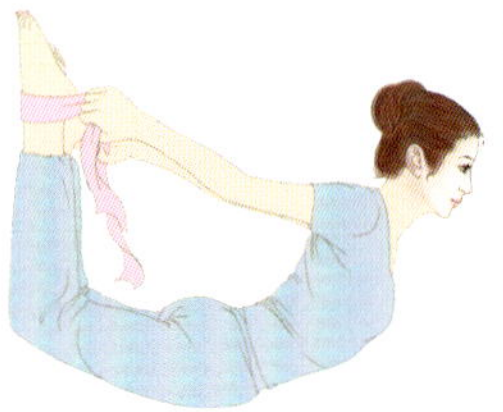

如果我们腹部的力量较弱，或是无法凭借自身的力量将双脚向上伸展，不妨借助家里的毛巾或是瑜伽绳来帮助身体完成这个姿势。

POINT

目视斜上方45°

身体保持“弓”形，目视斜上方45°处。

POINT

双手握紧脚踝处

双臂向上伸展，双手握住脚踝，上半身后仰，尽量外扩胸部。

弓式动作分解

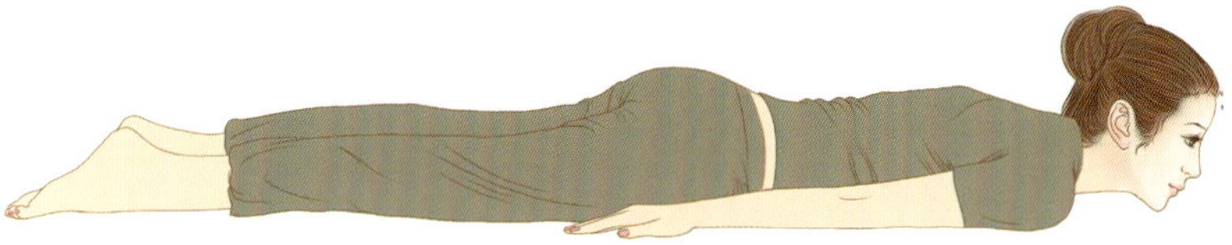

1 将身体俯卧在地面上，双臂自然垂放于身体两侧，掌心贴地。

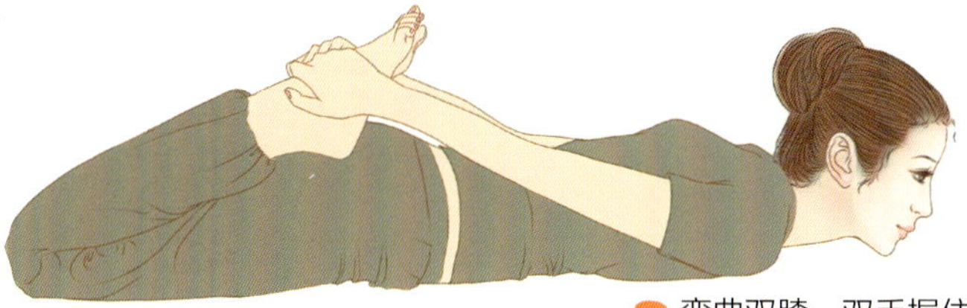

2 弯曲双膝，双手握住脚踝。将小腿尽量向回收，靠近臀部。

3 吸气，在双臂的带动下，腿部向上伸展，身体呈“弓”形，保持 10 秒左右即可。

4 呼气，上半身缓缓下沉，在下巴着地后，可放开双手，恢复到原始状态。

消除身心压力
释放自我的五种体式

坐山式 Parvatasana

拉伸脊椎，缓解肩部酸痛

如果你在使用电脑时高高地架着胳膊，低着头，并且在桌子下艰难地跷着二郎腿，那么，工作 1 小时你就会感到腰背酸痛，颈部和肩膀麻木，手臂也不灵活。这样的坐姿，在瑜伽看来，严重地影响了脊椎和胸部的发育。通过高举手臂、低头、十指相扣等简单动作的结合，便可以矫正不良坐姿，令脊椎得到拉伸。

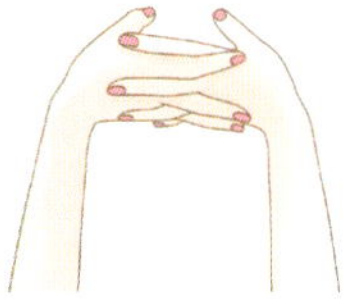

POINT

十指相扣

大臂、小臂伸直并向上拉伸，双手在头上方交叉。

POINT

脊背挺直，扩胸

扩胸的时候，要感觉到胸部有气体在膨胀，且保持脊背挺直。

EASIER POSE

初学者在练习的时候，若不能完全驾驭莲花坐姿，可以先从简单的坐姿开始，但是上半身的动作还是要按照步骤分解所示，严格执行。

坐山式动作分解

1 双腿向前伸直，背部、头保持在一条水平线上，双手扶在地面上。

2 弯曲右膝，将右脚置于左侧大腿上，右脚脚背朝向内侧。

3 将左脚抬至右侧大腿上，双手不动，呈莲花坐姿坐好。

4 吸气，十指交叉，高举至头顶上方，掌心朝上，挺胸坐直。

门闩式 Parighasana

强健腹部肌肉，塑造女性柔美曲线

门闩式能够帮助消除腰部脂肪，调养腹部器官，起到强健脊椎及脊椎旁侧肌肉，按摩腹部及盆腔器官的功效。此体位对女性练习者来说，可以用于塑造“S”形完美曲线。

POINT

腰部向右侧弯曲

腰部要尽量向右弯曲，以便充分拉伸身体外侧肌肉。

POINT

右手轻搭于右脚脚背上

右脚脚背绷直，切勿拱起脚背，右手扶在右脚脚背上，手臂绷直。

EASIER POSE

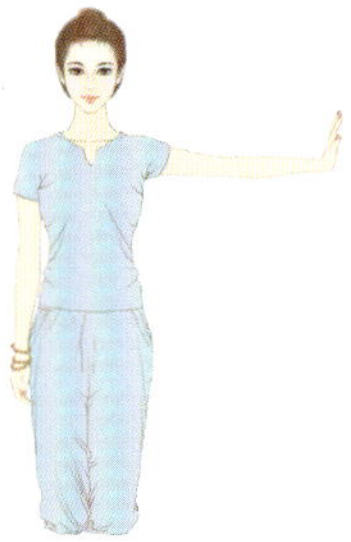

初学者若刚刚接触瑜伽，身体柔韧性还没有拉伸开，此时，可以借助家里的墙壁，从简单的侧方拉伸开始进入。

门闩式动作分解

1 双膝跪立于地面上，双脚并拢，手臂自然垂放在身体两侧。

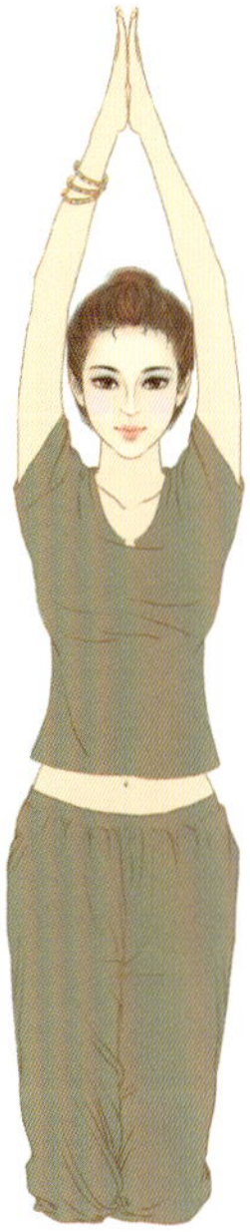

2 双臂在头顶合十，掌心相对。

3 吸气，右腿伸向右侧，右脚脚背、趾尖在同一水平线上。

4 呼气，将身体逐渐趋向右侧，左上臂尽量贴近左耳，头部在双臂中间。

5 右手逐渐向右腿处伸展，并轻轻搭放在右脚脚背上，头看向左上方。

侧三角伸展式 Utthita Parsvakonasana

提升身体灵活性，强健腿部肌肉

侧三角伸展式作为三角式的延伸，既可以消除腰部赘肉、增加身体全面的柔软度和灵活度，又可以起到活动脊背部、加强两腿肌肉、强壮腹部器官、减少腹部胀气的功效。通过身体的侧面伸展，可以令脏腑器官得到新鲜的血液供应，并滋润脊神经。

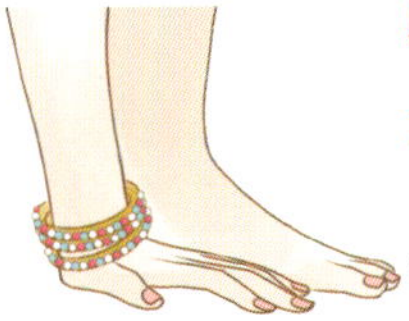

POINT

左手平行于左脚

右臂高举过头顶，掌心向下，左手接触地面且保持与左脚平行。

EASIER POSE

如果你还没有完全掌握三角式的动作要领，或是尚未拉伸开自己的身体，可以先用2~3块瑜伽砖开始，简单地进入这个体位。

POINT

右脚脚尖指向外侧

胯部下压，增加身体的拉伸度，腿部绷直，右脚脚尖指向身体外侧。

侧三角伸展式动作分解

1 身体呈山式站立。

2 打开双腿，幅度要大于三角式。

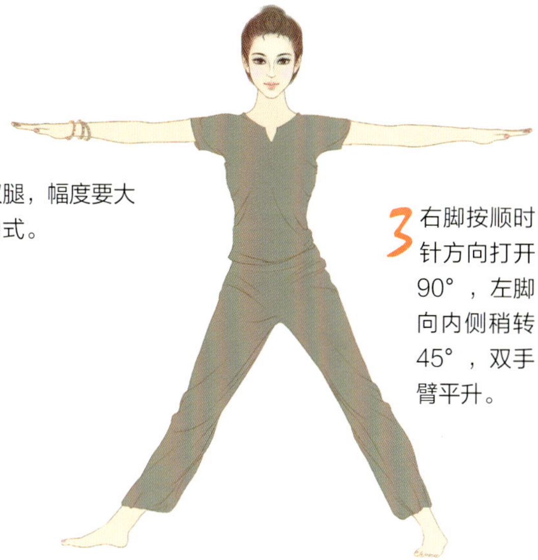

3 右脚按顺时针方向打开90°，左脚向内侧稍转45°，双手臂平升。

4 吸气，弯曲右侧膝盖，且大腿与地面保持水平。

5 呼气，拉伸身体，将右手置于前方的地面上，左臂垂直指向天花板处，目光随之看向左手。

眼镜蛇式 Bhujangasana

加快血液循环，刺激肾上腺素分泌

眼镜蛇式能够强化脊椎，促进消化系统的血液循环，对消化不良、痢疾、胃肠胀气、腹痛等疾病有很好的辅助治疗作用。除此之外，还可以改善月经失调。如果是男性练习者，则可以锻炼腰背肌，补养脊柱，刺激肾上腺素分泌，提高性功能，并且可以有效消除便秘带来的困扰。

EASIER POSE

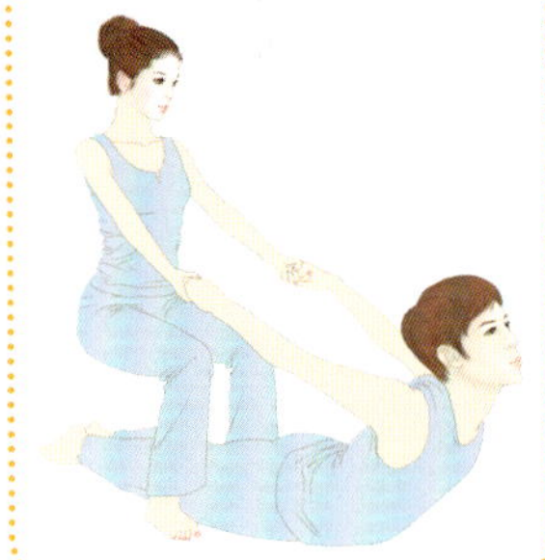

练习者在初次练习这个体式的时候，腹部和背部的肌肉若不是很灵活，可以在他人的配合下完成，整个体式保持 5 秒左右即可。

POINT

腹部紧贴地面

通过背部和腹部肌肉的力量撑起身体，腹部不可离开地面。

POINT

小腿弯曲，脚尖触头为佳

双手掌贴于地面，弯曲小腿，努力使脚尖接触到头部。

眼镜蛇式动作分解

1 俯卧，双腿并拢，腹部与头部着地，双手掌平放在地面上，手肘放在身体两侧。

吸气

2 吸气，收紧腹部肌肉，同时抬头目视前方；肩膀和胸口离开地面。

3 依靠腹部和背部的力量继续将上半身向上抬起，此时目光逐渐看向头顶方向。

呼气

4 呼气，从膝盖处至小腿逐渐向上抬起，头部尽量后仰，努力使脚尖触碰到头部。

虎式 Chakravakasana

减少髋部脂肪堆积，增强生殖器官功能

虎式有助于使脊柱得到伸展和运动，可以起到强壮脊神经和坐骨神经、减少髋部和大腿区域脂肪、强化生殖器官功能的功效，是产后妇女恢复身材的必备练习式。

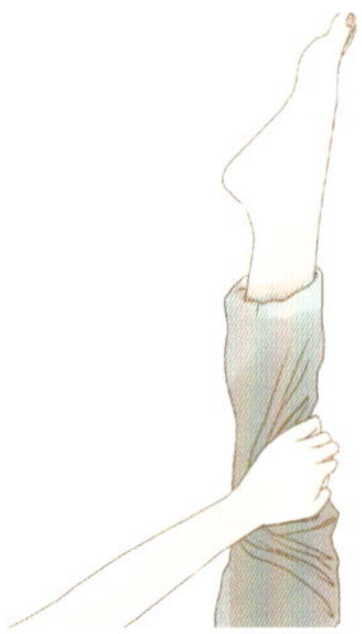

POINT

左臂向上拉伸右腿

左手伸直，尽量将右侧大腿向上方拉伸。

POINT

右臂支撑身体重量

将身体重心放于右侧手臂，目视斜下方45° 方向。

EASIER POSE

我们在平常练习时，若感到身体僵硬，或是在拉伸的时候感到强烈的疼痛，可以不用将腿部抬得过高，试着将大腿抬高到与身体平行的幅度，也可以起到很不错的塑身作用。

虎式动作分解

1 跪立于地面上，呈猫伸展式，目光平视前方。

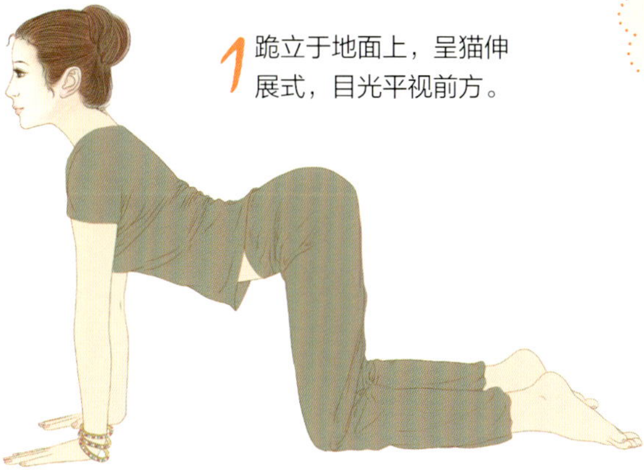

吸气

2 吸气，右腿向后上方伸展，目光随着身体的方向向上移动。

3 左臂抬起，拉起抬高的右腿尽量向上伸直，目光向下。

呼气

4 呼气，右腿屈膝，膝盖向前方抬起，背部上拱，鼻子触膝，目视下方。

吐故纳新，舒筋活络
如孩子般充满活力的六种体式

英雄式 Virasana

放松颈部肌肉，改善关节疼痛

英雄式需要在练习时将双膝并拢，臀部坐于其上。这个体式不仅可以治疗痛风、风湿性关节炎等关节疾病，对平足也有很好的改善效果。手臂的动作可以使胸部外扩，放松颈部肌肉和两肩的关节。

EASIER POSE

初次接触这个体式的练习者，若无法完全将双手在后背处相扣，可以借助一条毛巾或是瑜伽绳加以练习。

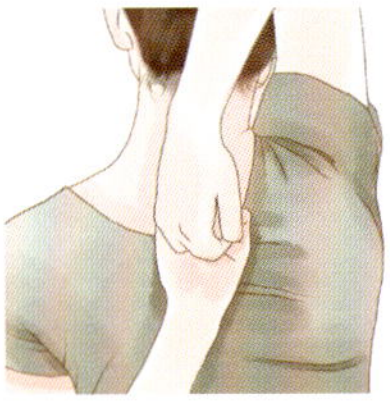

POINT

双手相互接触

上臂外扩，双手相扣，以感受到肌肉的拉伸感为佳。

POINT

腰背保持直立

身体保持端正，使颈部、脊椎保持在同一直线上。

英雄式动作分解

1 跪坐于地面上，双脚趾尖相对，上半身挺直，双手自然垂放于两侧。

吸气

2 吸气，右臂屈肘，高举过头，置于后背处。

呼气

3 呼气，左臂从后背向上伸展，与右手相扣，保持该体式 10 秒钟左右。

4 放开双手，身体恢复至自然状态。

小桥式 Setu Bandha Sarvangasana

缓解月经疼痛，强化女性“S”形曲线

小桥式能够强壮两腿、腰骶椎、背部等处的肌肉，并且令腹部变得平滑、有力。常练习此姿势，有利于调节女性月经不调，帮助缓解便秘和消化不良等症状。这个体式要求练习者将整个背部拱起，从而扩展胸腔，起到美化胸形的功效。

POINT

腰部向上拱起

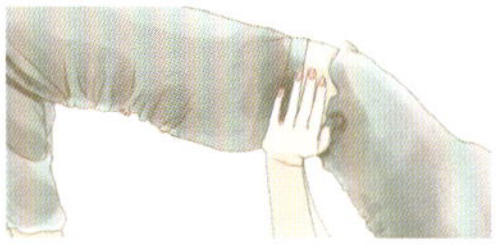

双手放于两侧腰间，支撑身体的重量。

EASIER POSE

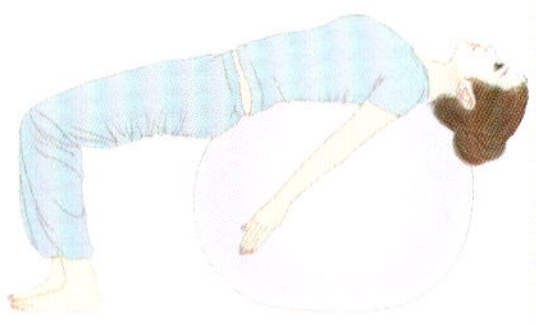

坐在球上，将膝盖弯曲呈90°，双脚脚掌平放于地面；躺于球上，手放在球上作为支撑，然后慢慢地向前移动双脚。

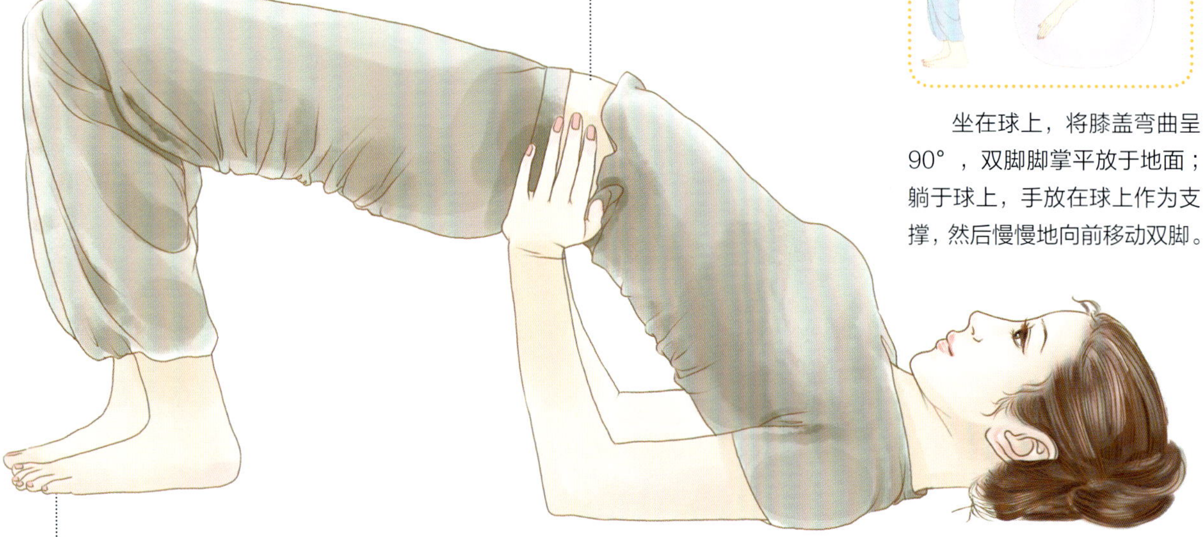

POINT

膝盖与地面垂直

弯曲膝盖，大腿与小腿保持90°。头部、颈部紧贴地面。

小桥式动作分解

1 平躺在地面上，双手自然置于身体两侧。

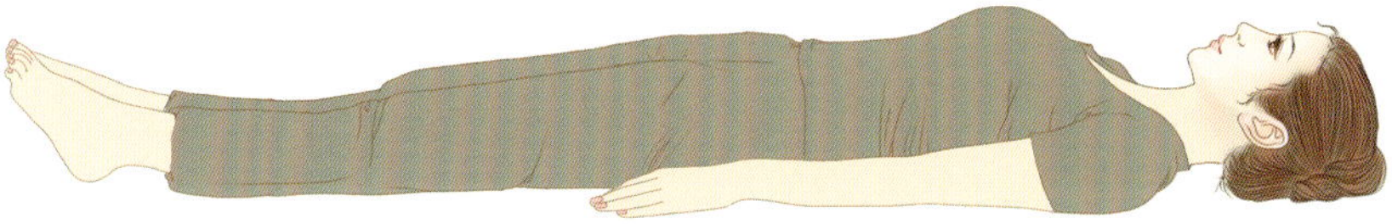

2 双腿膝盖弯曲，脚后跟紧靠臀部。

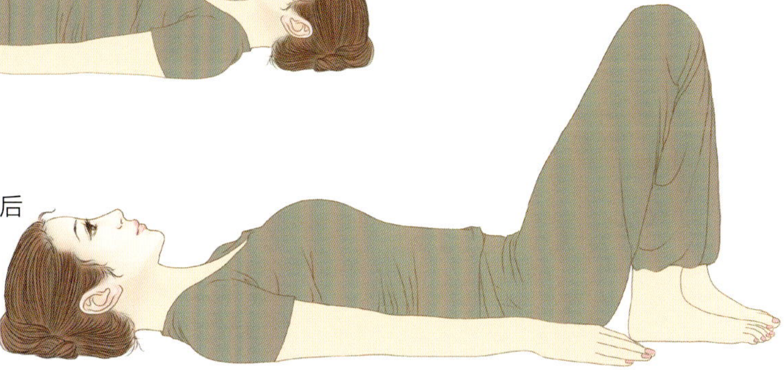

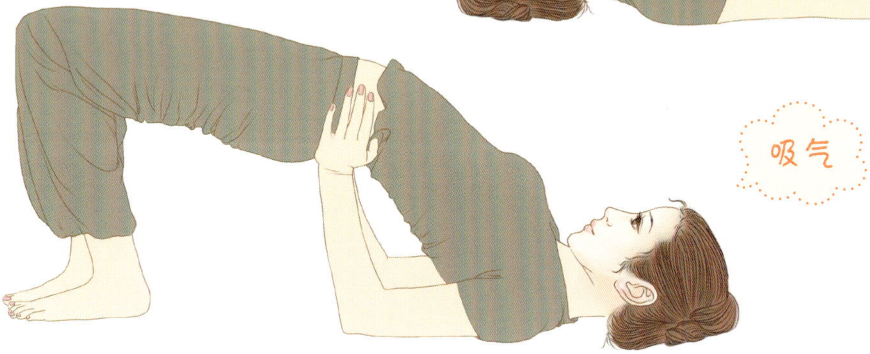

3 吸气，双手撑起上半身、大腿、臀部，双脚不可抬起。

4 呼气，双手支撑腰部，两肩着地，手肘撑于地板。

背部前曲伸展坐式 Paschimottanasana

增强腹部器官活力，改善消化道功能

背部前曲伸展坐式，需要将整个上半身向前拉伸，让前额紧贴于膝盖上。这个体式可以增强腹部器官功能、强健肾脏、保持脊椎正直，有改善消化道功能的效果。并且这个体式也被称为“Ugrasana”或“Brahmacharyasana”，它在梵语中的意思是自我克制和独自生活。

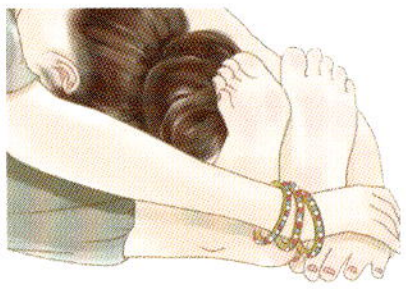

POINT

三点一线，紧贴大腿

右手抓住左手，在脚前交叉，腿部绷直，前额、下巴紧贴大腿。

EASIER POSE

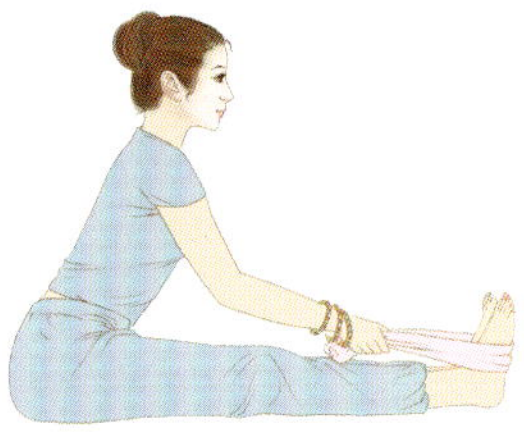

背部前曲伸展坐式是一个很考验身体柔韧性的动作。我们在练习初期，可以借助瑜伽绳或者毛巾来达到锻炼的目的。

POINT

加快呼吸深度

身体前倾，保持背部下压，连做3~5次深呼吸。

背部前曲伸展坐式动作分解

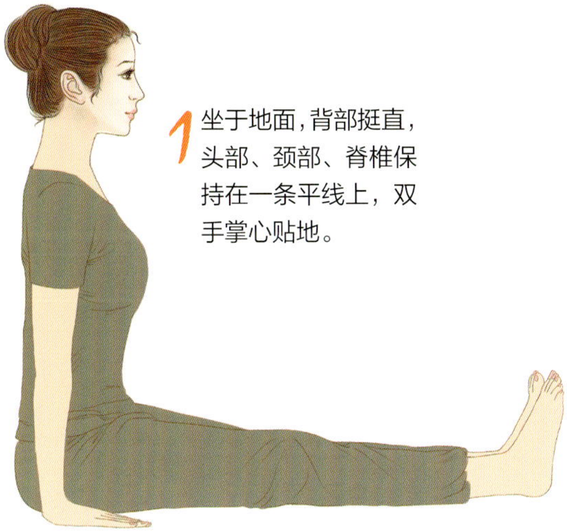

1 坐于地面，背部挺直，头部、颈部、脊椎保持在一条平线上，双手掌心贴地。

2 吸气，双臂抬高，置于耳朵两侧，手指指向正上方。

3 呼气，身体从胯部开始向前倾，手部、头部、颈部在一条直线上。

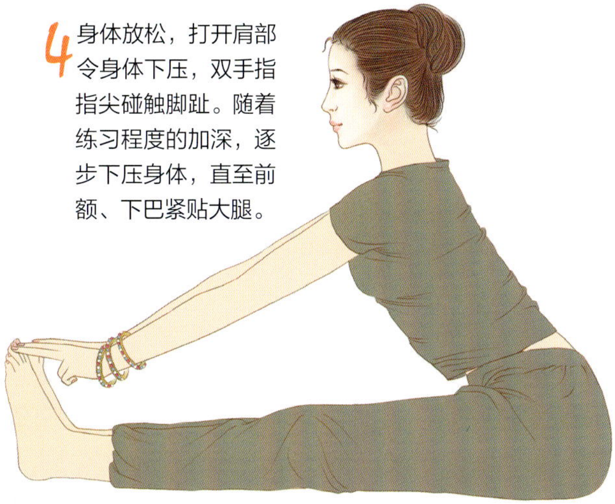

4 身体放松，打开肩部令身体下压，双手指指尖碰触脚趾。随着练习程度的加深，逐步下压身体，直至前额、下巴紧贴大腿。

犁式 Halasana

减轻身体负担，缓解肌肉僵硬

犁式对身体的功效和肩倒立式大体相同。身体的收缩为腹部器官增添了活力；脊椎的向前弯曲促进了血液循环，这有助于缓解偏头痛、肩肘僵硬、腰痛等症状，并且可以改善由风寒而引起的胃痛。

EASIER POSE

双肩放松，我们可以将双腿放在一把椅子上来完成这个较难的动作。这个姿势也被称为“半犁式”，对瑜伽初级练习者很有帮助。

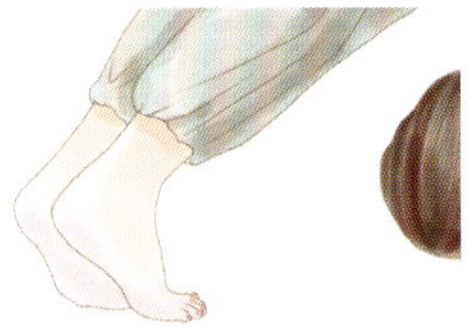

POINT

脚尖轻触地面

膝盖绷紧，双腿和双脚拉伸，脚尖尽量轻触地面。

POINT

手指相互交叉

在脊椎弯曲的同时，双手在背后伸直交叉。

犁式动作分解

1 仰卧，弯曲膝盖，脚掌紧贴地面，双手放于腰部后方。

2 弯曲脊椎，胯部抬离地面，双手撑住腰部，小腿与大腿呈 90° ，脚尖绷直。

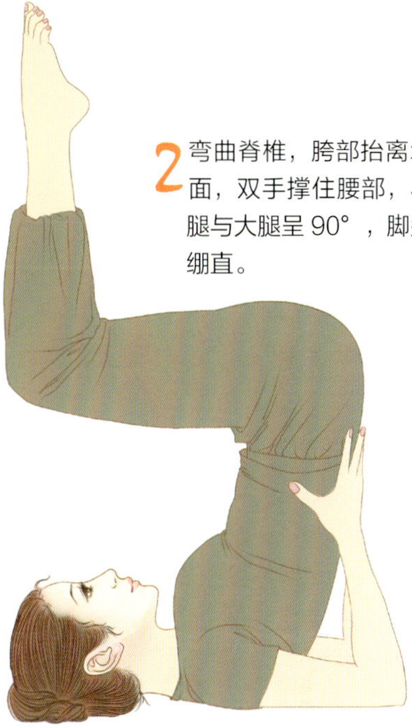

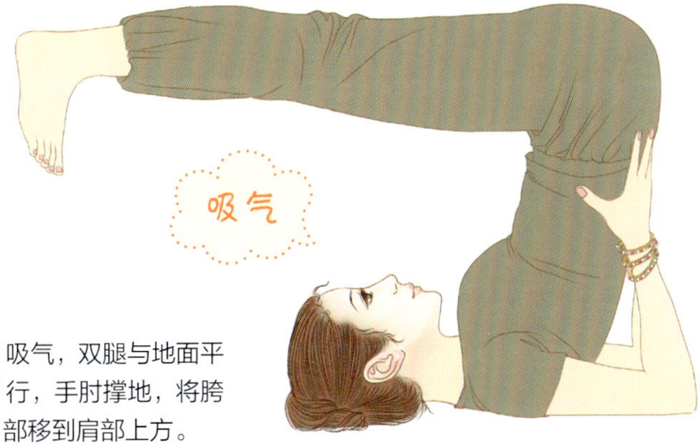

3 吸气，双腿与地面平行，手肘撑地，将胯部移到肩部上方。

4 呼气，双手扶在腰后方，双腿绷直，脚尖触地。

肩倒立第一式 Salamba Sarvangasana Ⅰ

安定心神，促进身体新陈代谢

肩倒立第一式是古代圣哲给予人类最宝贵的恩赐，它也被称为“瑜伽体式之母”，它的存在是为了人类和谐、安定和团结的生活。对大多数疾病而言，它可以算是“万能药”，不仅能够刺激内分泌系统分泌激素，而且可以加快大脑的血液供应，使脑细胞得到充足的养分。

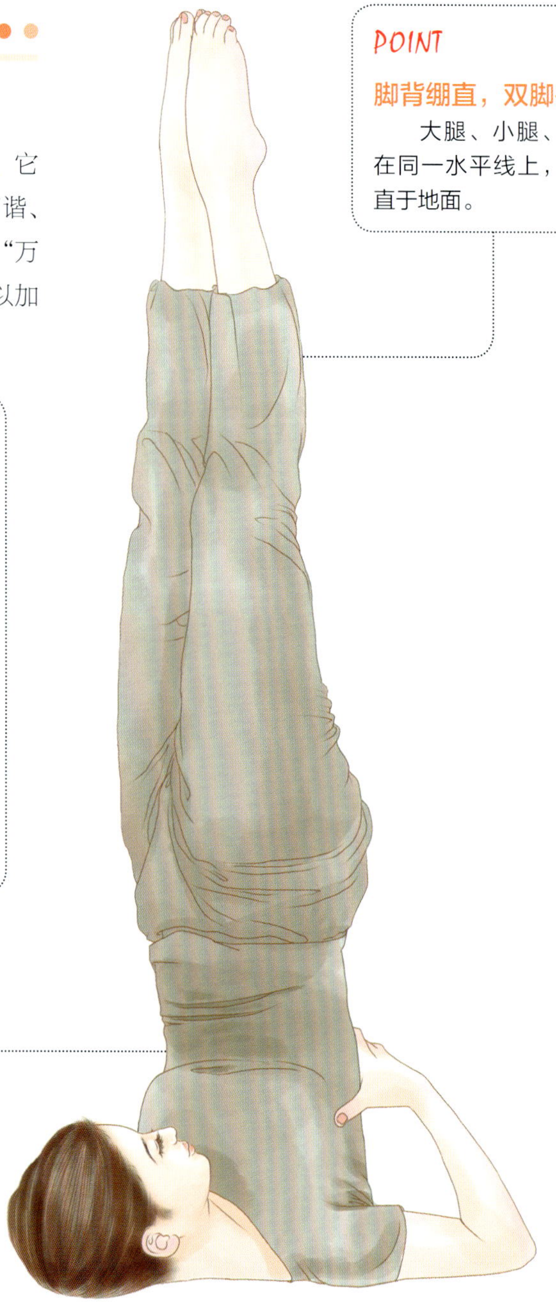

POINT

脚背绷直，双脚并拢

大腿、小腿、脚背在同一水平线上，且垂直于地面。

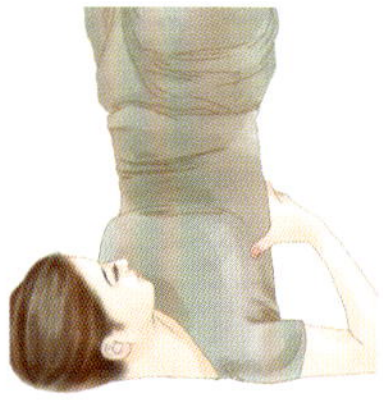

POINT

依靠手部的力量托起身体

双手置于腰间，大拇指分别放于腰部两侧，托起身体。

EASIER POSE

将叠好的被子放于胯下，双腿伸直，紧贴墙壁、双臂平放在地面上方。这个姿势能够很好地放松腿部肌肉，缓解静脉曲张等疾病。

肩倒立第一式动作分解

1 仰卧在地面上，膝盖弯曲，双腿并拢，双手放于体侧，掌心贴地。

2 双手撑于腰侧，四指放于背后，目视正上方。

3 吸气，膝盖高举至腹部上方，双腿弯曲，肘部撑地。

4 呼气，双腿伸直，脚尖指向斜上方，与上半身平行。

5 双手上移至腰间，大拇指分别放于腰部两侧，大腿、小腿、脚背在同一水平直线上，且垂直于地面。

头倒立第一式 Salamba Sirsasana Ⅰ

在冥想的过程中洗涤疲惫的心灵

头倒立第一式是瑜伽体系中的重要体式，不仅可以增强练习者身体和心灵上的平衡感，而且有助于在冥想过程中控制自主神经系统及感觉中枢。有规律地练习头倒立式，可以起到清洁血液、保持身体协调性、消除疲惫等功效。

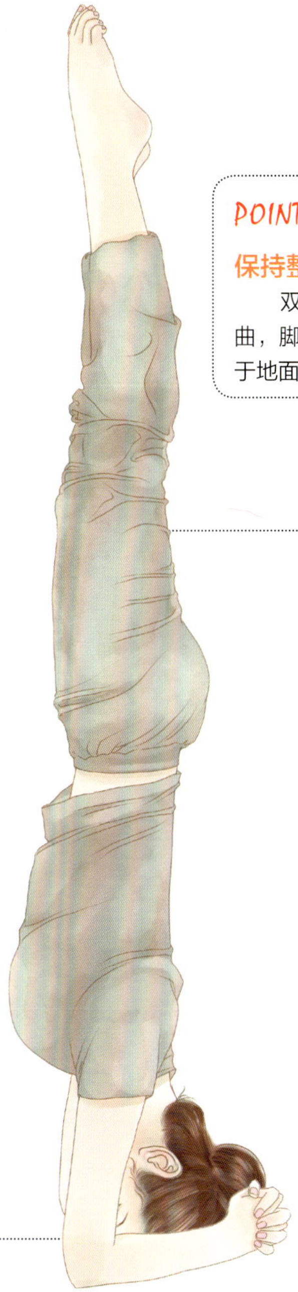

POINT

保持整个身体垂直于地面

双腿并拢伸直，膝盖不可弯曲，脚背、脚尖绷直，身体垂直于地面。

POINT

手部交叉，贴于头顶部

头部顶地，双手交叉置于头顶，且将身体重心放于此。

EASIER POSE

柔韧性和平衡性稍弱的练习者，可以从将身体摆成一个“V”字形开始，在练习过程中把胸口往腿的方向推，下巴逐渐靠近胸口。

头倒立第一式动作分解

1 跪于地上，膝盖、脚尖着地，十指相扣，手掌、手肘放于地面上。

吸气

2 吸气，头部贴于地面，靠近双手处。

3 呼气，双腿伸直，并向身体内侧移动，直到上半身垂直于地面。

呼气

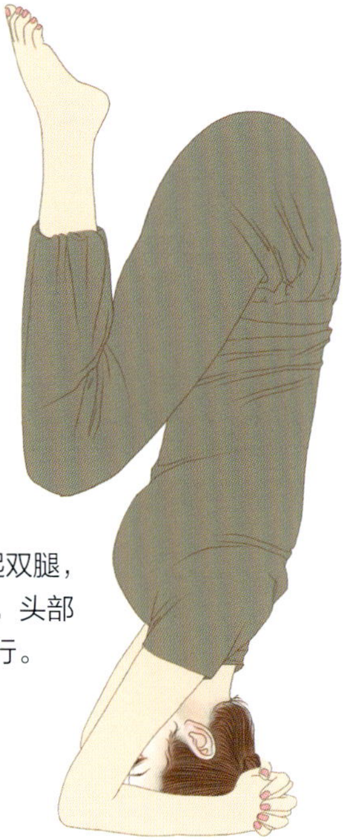

4 弯曲膝盖，抬起双腿，大腿贴于腹部，头部和前臂保持平行。

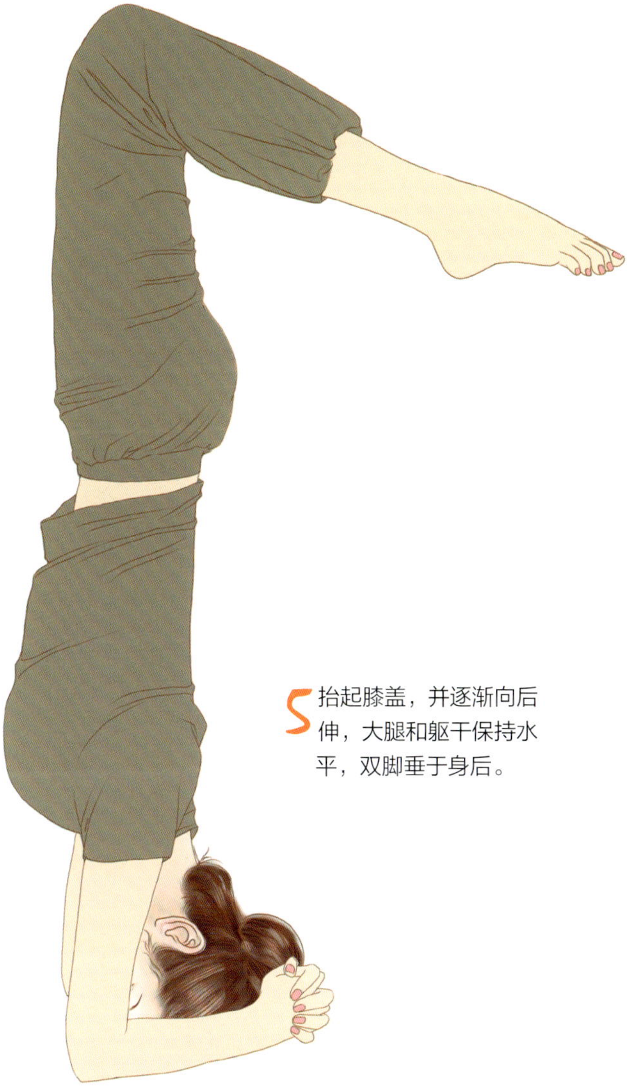

5 抬起膝盖，并逐渐向后伸，大腿和躯干保持水平，双脚垂于身后。

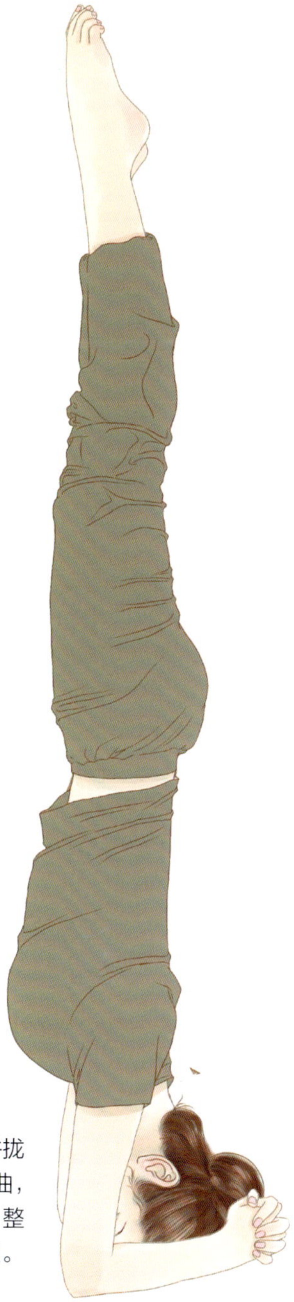

6 头部撑地，双腿并拢伸直，膝盖不可弯曲，脚背、脚尖绷直，整个身体与地面垂直。

调气、调血、调心
活血提神的五种体式

增延脊椎伸展式 Uttanasana

有益于提高细胞活性，强化肾功能

增延脊椎伸展式有助于缓解月经期间下腹部与骨盆部位的疼痛，增强人体弹性，滋养脊神经，强壮肾脏、肝脏、脾脏。当身体前倾时，大脑、面部组织以及头皮处的血液流动会加快，这有益于提高细胞活性。

POINT

目光水平向前

小腿绷直且用力，切不可弯曲；目光水平向前。

POINT

双手、双脚重叠

伸展脊椎，背部用力下压，以双脚与双手保持并拢姿势为最佳。

EASIER POSE

大多数初学者在接触锻炼柔韧性的体式时，最初还不能达到完美的效果，这时我们可以将 2~3 块瑜伽砖放于地面上，双手手掌撑于瑜伽砖上。练习一段时间后，通过减少砖的高度，来达到加强柔韧性的效果。

增延脊椎伸展式动作分解

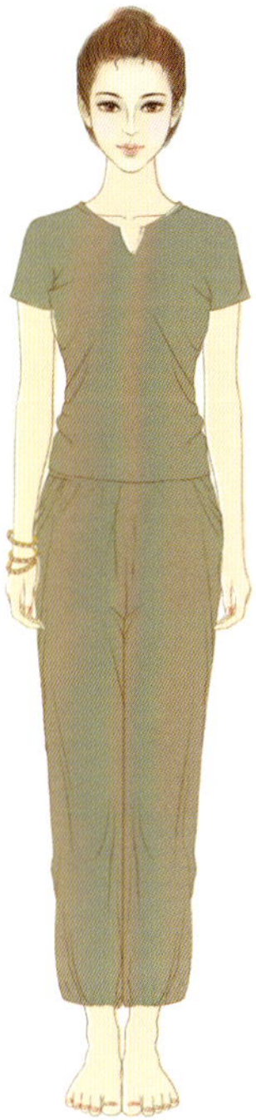

1 身体自然站立。

2 吸气，双臂沿体侧伸展至头顶，肩膀放松。

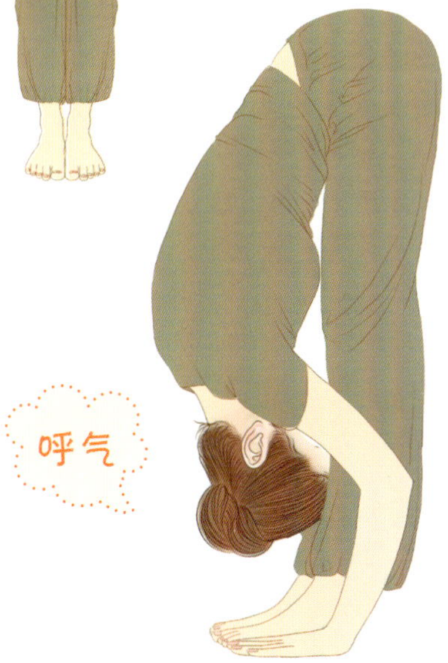

3 呼气，上半身下压，掌心贴地，前额与小腿贴紧。

4 抬头，目光水平向前，伸展脊椎，保持 30~60 秒，起身放松。

束角式 Baddha Konasana

缓解经期疼痛，提高女性生殖力

束角式可以说是男女皆宜的姿势，这个体式不仅可以使男性肾脏、前列腺、膀胱保持健康状态，而且对女性来讲，还能够在很大程度上缓解痛经、减少分娩时的痛苦。与莲花坐、英雄坐一样，束角式也可作为冥想时的重要体式。

EASIER POSE

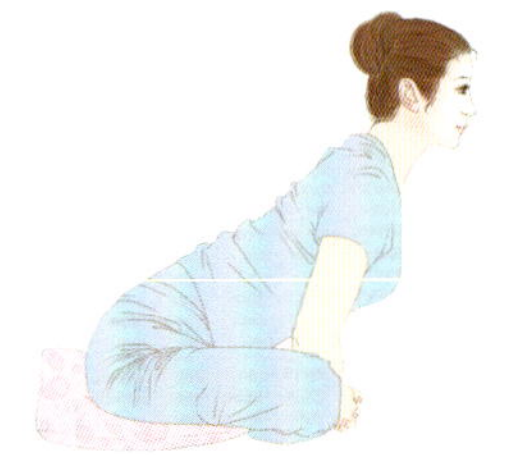

如果无法很好地保持背部垂直，可以先坐在一个垫子上，双手握紧双脚，身体微微前倾。

POINT

双手手心紧贴地面

手臂向前伸展，掌心紧贴于地面，额头尽量触地。

POINT

双脚脚心相对

膝盖弯曲，指向身体两侧。双脚脚心相对，使头部与脊椎呈一条直线。

束角式动作分解

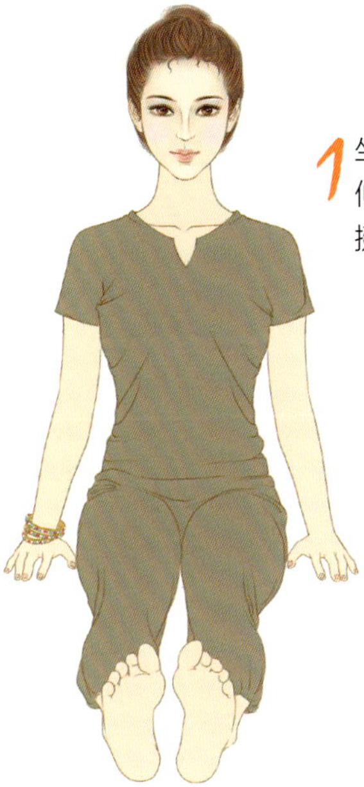

1 坐在地上，双腿向前伸直，双手掌心贴地挺胸抬头。

2 右手撑地面，左手抓住左脚，使其脚后跟置于会阴处。

吸气

3 吸气，弯曲右脚并使其靠近会阴，双脚脚后跟靠拢，脚掌心相对，双手抓住脚趾，双膝向地面方向下压。

呼气

4 呼气，缓慢地将上半身靠向大腿，直至前额触地。

巴拉瓦伽第一式 Bharadvajasana Ⅰ

柔软背部线条，增强关节灵活性

巴拉瓦伽第一式主要作用于胸椎和腰椎部位。背部僵硬的人在练习这个瑜伽动作时不难发现，侧面扭转的姿势对初学者来说非常困难，但这个姿势有助于背部变得柔软、灵活。患有关节炎者，在练习一段时间后将会有明显的改善。

EASIER POSE

如果还不能保持这个姿势 30~60 秒，可以先坐在椅子上，只旋转上半身。脚下放上 1~2 块瑜伽砖，可以加大扭转程度，使背部得到更好的锻炼。

POINT

通过双臂拉伸，提高关节灵活性

首先将自身重量均匀分布在身体两侧，左臂绕过背部，弯曲左肘，接近右肘。

POINT

脊椎在竖直方向上保持直立

肩膀与地面保持平衡，躯干旋转90°，脊椎挺直。

巴拉瓦伽第一式动作分解

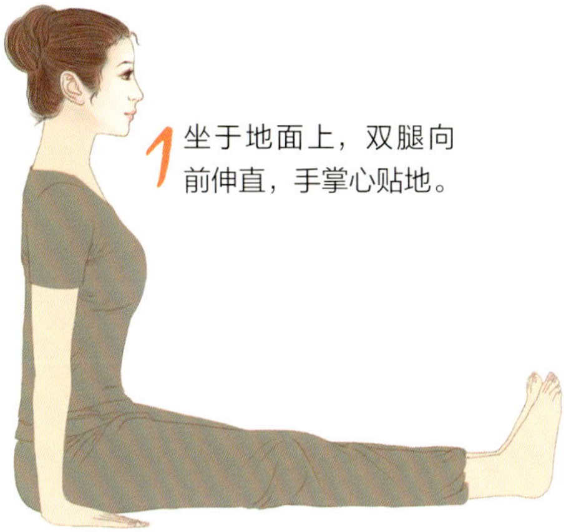

1 坐于地面上，双腿向前伸直，手掌心贴地。

2 双腿膝盖向左侧弯曲，保持脊椎直立。

3 吸气，颈部向右扭转，右侧手臂放于左大腿下方。

4 呼气，左手从后面绕过背部去抓住右手上臂。

完全船式 Paripurna Navasana

用臀部的力量提升腹部肌肉

完全船式，犹如一条船在湖面上静止时的状态。练习者主要通过臀部肌肉令身体保持平衡，并且身体呈“V”字形。这个体式要求修行者有很强壮的腹肌，在竖直方向提升脊椎时，要保持躯干正直、双腿绷紧。

EASIER POSE

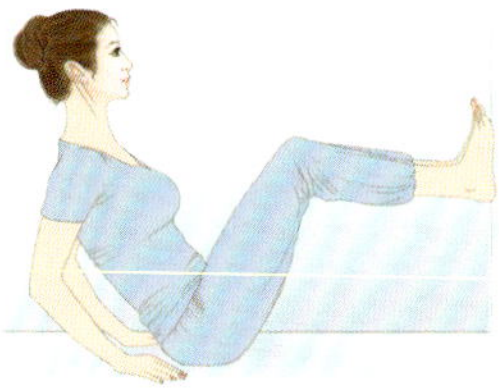

如果身体在开始阶段无法保持平衡，可以先将双腿搭于墙壁上，手臂撑地。

POINT

吸气的同时拉伸臀部肌肉

身体呈“V”字形，双臂水平伸直。后背略向后倾，臀部、头部保持在同一直线上。

POINT

竖直提升脊椎

扩展胸部的同时，要保持脊椎挺直。

完全船式动作分解

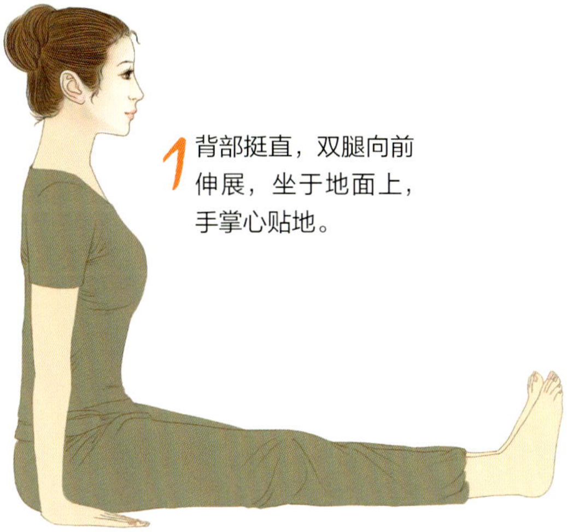

1 背部挺直，双腿向前伸展，坐于地面上，手掌心贴地。

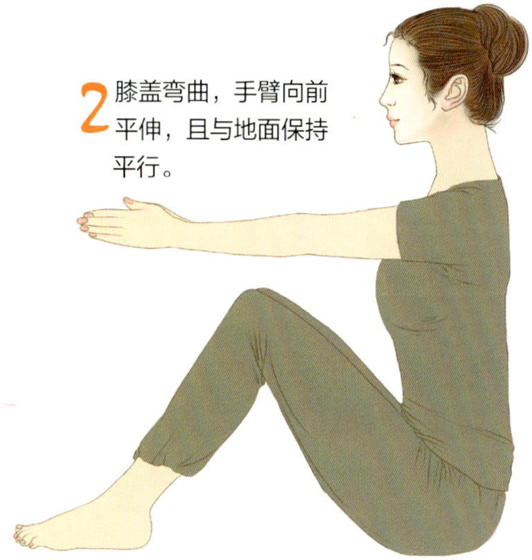

2 膝盖弯曲，手臂向前平伸，且与地面保持平行。

3 吸气，身体向后仰，双腿从地面抬起，伸直脊椎。

4 呼气，双腿伸直，身体呈“V”字形，保持稳定。

猫伸展式 Bidalasana

放松工作后的压力，温和调理肌肉松弛度

猫伸展式能够伸展背部和腹部肌肉，是一种简单的热身方式。它的绝妙之处在于可以短时间内放松身体、愉悦身心，不仅能够让你由内而外散发活力，还可以温和地调理身体中的每一个器官。

EASIER POSE

如果还不能很好地控制这个体式，可以先从上半身的动作开始练习。借助一把椅子，手搭于椅子上，头部上仰，背部先下压，也可以起到调理背部肌肉的功效。

POINT

目视正上方45°

颈部向上抬高，双肩尽量向后打开，仰视天花板，目视正上方45°。

POINT

大腿与小腿保持90°

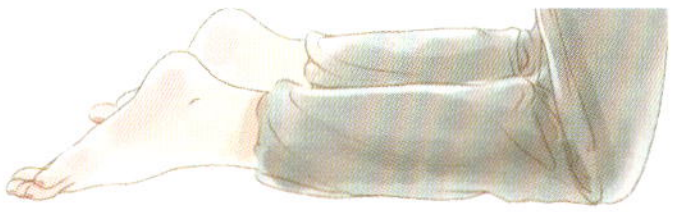

双手手腕、膝盖、脚踝三点在同一水平面，保持上半身的直立时需要大腿尽量垂直于地面。

猫伸展式动作分解

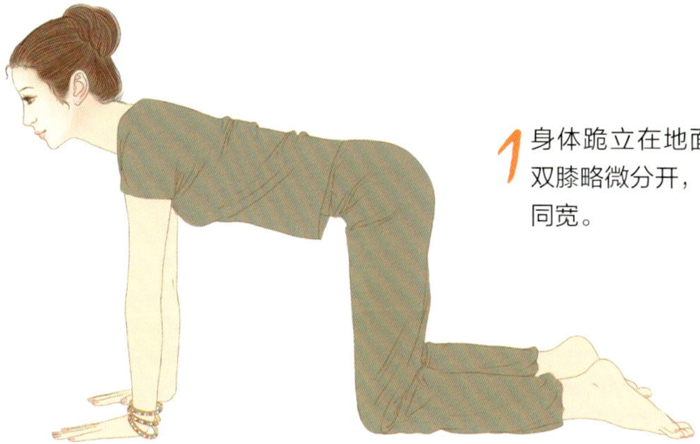

1 身体跪立在地面上，双膝略微分开，与肩同宽。

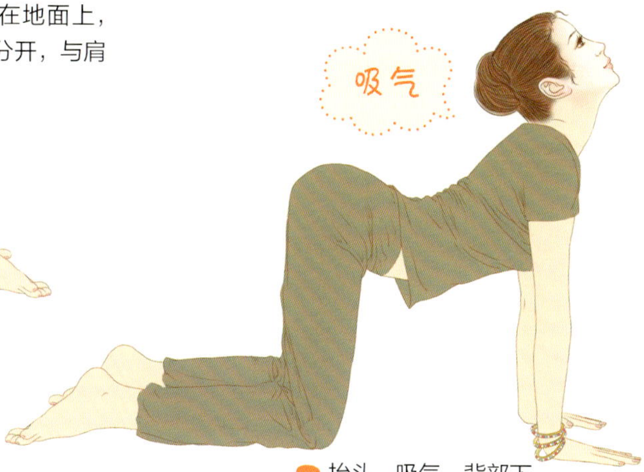

2 抬头，吸气，背部下压，让肚脐贴近地面方向。抬起尾骨，增强背部的弧线。

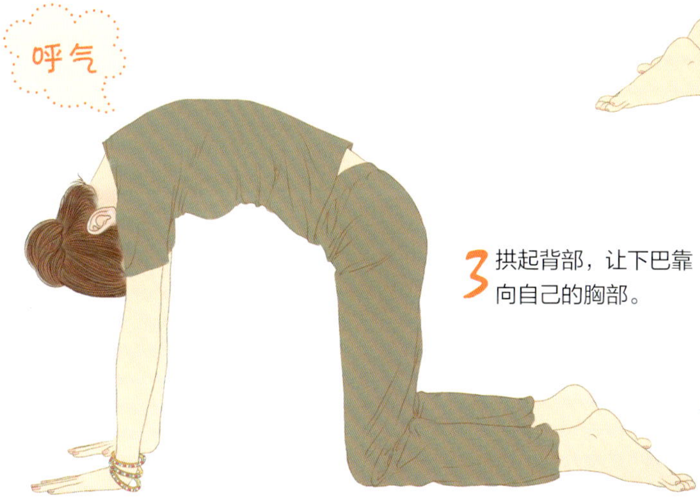

3 拱起背部，让下巴靠向自己的胸部。

难度升级

4 大幅度猫伸展式，完全将手臂、下巴和胸部贴到地面，能够更进一步增加脊椎的灵活性。

瑜伽放松法
运动过后的能量回收

婴儿放松法

缓解长期工作而带来的紧张感

婴儿放松法又称“大拜式”“半龟式”，它可以有效缓解工作压力带来的紧张感。我们可以在做完一个较难的瑜伽体式或者一系列的瑜伽动作后，以它作为结束时的放松动作。婴儿放松式可以辅助治疗消化不良、肩颈酸痛、头痛等生活常见病症。长期练习这个动作，不仅有益肺脏，而且可以促进血液流向大脑。

动作分解

1 跪坐，双腿并拢，脊椎挺直，双手自然放于大腿上。

2 手臂从两侧慢慢向上方抬起，双手于头顶处呈“祈祷”姿式。手臂紧贴于双耳处。

3 吸气，伸展脊椎，手臂伸直，身体向前倾直至双手外侧触地。

4 呼气，身体继续伸展向前，使头触地板，头部向左旋转，放松肩和手臂，并打开至身体两侧；眼睛保持睁开，保持20秒。

POINT

放松脊椎肌肉，使之处于自然状态。

POINT

两臂自然放于双侧地面上。

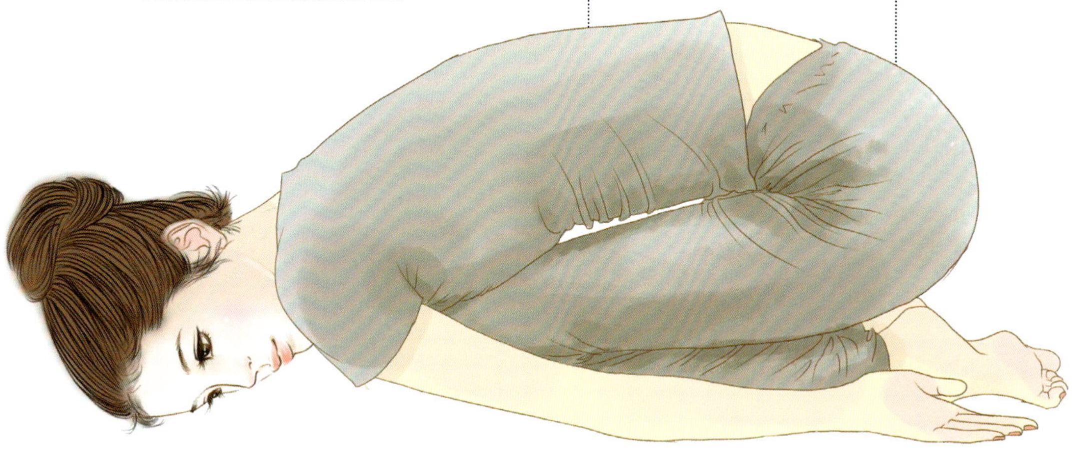

大拜放松法

减少脂肪在腹部的过度堆积

大拜放松法是瑜伽练习者最喜爱的休息术。经历了一天的激烈打拼后，不少职场人将亢奋状态带入自己的生活中，因而不能很好地休息甚至影响第二天的工作。而这个动作恰好能够令我们僵硬的身体得到充分的伸展。通过对背部肌肉的拉伸，不仅可以减少腹部脂肪的堆积，长期练习还可以缓解由精神过度紧张引发的头痛。

动作分解

1 跪坐，将臀部坐于脚后跟处。
2 吸气，双臂举至耳侧。
3 呼气，用两臂带动上半身向前倾。
4 前额触地，掌心向下平贴于地面。

POINT
双臂与肩部同宽，掌心向下。

POINT
臀部坐在脚后跟上。

CHAPTER 02

心灵瑜伽
敲开冥想的大门

冥想可以令我们抛开生活中琐碎、烦心的杂念，缓解压力，修复人体受损的细胞。它可以改善因精神过度紧张造成的衰老症状，这是一般的深度睡眠无法解决的。印度瑜伽理论认为：人类虽有肤色、种族的不同，但这些都只是表面区别。在这个看得见的物质性身体外，我们还有一个看不见的、灵性的身体。我们每个人体内都有一个内在的能量系统，它被称为灵体。通过冥想，我们可以提升内在灵性，从容应对生活中的各种问题。

神秘的瑜伽冥想

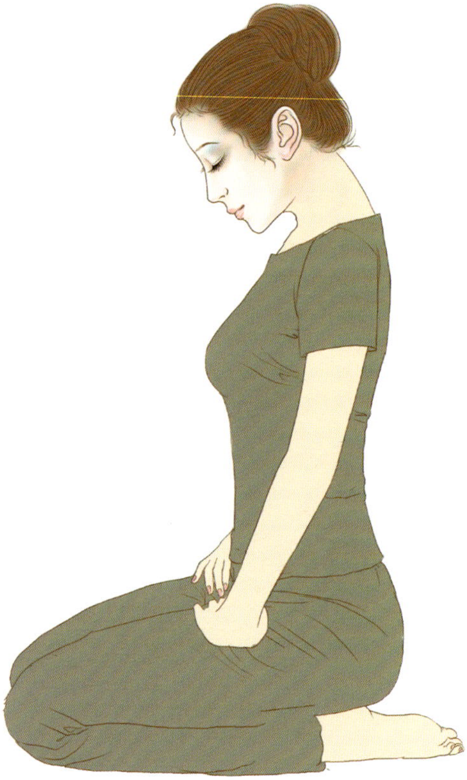

据科学家预测，我们在每天的生活中大概会产生5万种想法，而其中的80%都是用来酝酿如何逃避现实、回避当前的。而冥想，正是可以令处于过度思虑中的人们在短时间内安静下来，从现实世界中的嘈杂逐渐回归内心世界的安逸。这就好比充电一样，在疲劳过后能够让人迅速恢复体力、集中注意力、提高精神力量以及理清思绪。

瑜伽冥想有很多体系，比如哈他瑜伽、奉爱瑜伽等。而这其中有一种瑜伽体系既可以说是它们的一部分，也可以把它看作一个单独的体系，这就是语音瑜伽冥想，它可以称得上现代最实用、最有价值的瑜伽体系。

冥想 —— 大脑深度的瑜伽体验

冥想，在人们的普遍意识中，被理解为深度的专注。而在瑜伽体系中，这也正是它的核心所在。人们在练习冥想时，并不需要完全依附于瑜伽呼吸法。无论你的生理和心理处于什么样的状态，只要保持冥想对象不变，那么随时随地都可以进行冥想。

瑜伽冥想的具体步骤

1 双腿盘坐；

2 头部、颈部、背部处于同一条直线上；

3 轻闭双眼，放松脸部表情；

4 从腹部呼吸开始，吸气3秒，呼气3秒，保持平缓的节奏；

5 每次呼吸时默念简单的冥想圣言——唵①。

① 注：圣言“唵”是天地间最初的声音，所有其他的声音都由此而出。它的发音是由A、U和M三个字母组成，这种声音貌似铜锣，逐渐地缩减成一点然后融入寂静。

在冥想中提升女性魅力

经研究表明，女性在冥想过程中，大脑会产生一种激素，令身体内在的遗传因子根据冥想对象的不同而进行自我调整，以便我们更好地控制的肌肉、软组织、骨骼形态，令自己变得更加美丽与自信。经常进行冥想的人，左脑的细胞会更加活跃，这表明此时的修行者正处于一个既乐观又积极的状态。相对来说，越是胆小、自卑的女性，在进行冥想的初级阶段，越会慢慢地从胆怯走向从容，对待事物更加有自信。

而身体健康的人，可以通过冥想来缓解因工作而产生的疲劳，平衡左右脑，给机体“充电”。经常进行冥想修炼的人，可以提高自身免疫力，起到预防疾病的效果。实验表明，经常运用冥想来缓解压力的人，在应对“三高”疾病时，发病率会降低 50%。

右图描绘的是印度改革运动 Arya Samaj 的创建者——Swami Dayanand（1824~1883）。此时他正身处优美的大自然中，双手呈智慧手印，采用至善坐姿，静心冥想。

灵性提升 “三脉七轮”

在古代印度的瑜伽、中国的气功、西藏密宗，或是印第安人的巫师信仰里面，都提到人类的身体上共同拥有的能量中心——三脉七轮。

印度瑜伽理论认为：人类虽有肤色、种族的不同，但这些都只是表面区别。在这个看得见的物质性身体外，我们还有一个看不见的、灵性的身体。我们每个人的体内都有一个内在的能量系统，它被称为灵体。它与医学上的人体神经系统密切相连，主要由三个部分构成：①三条经脉；②灵量；③七个能量中心。

三脉 —— 灵性身体的重要组成

三脉是我们人体内的三种力量，分别由左脉、中脉和右脉构成。左脉掌管我们的记忆、过去以及情感方面。右脉掌管我们的思维、未来、行动以及计划。中脉贯穿于人的整个身体，它从脊椎底部直达头顶。一般人由于中脉没有被打开，只能使用左右两脉的能量，而且他们多数不能达到均衡状态。有些人使用左边的能量多些，有些人使用右边的能量多些，于是便造就了两种截然不同的性格。

1 左脉（Left Channel 或 Ida Nadi），即阴脉或月亮脉

2 中脉（Central Channel 或 Sushumna Nadi）

3 右脉（Right Channel 或 Pingala Nadi），即阳脉或太阳脉

灵量 —— 唤醒躯体中的潜在能量

灵量，梵文本义为“卷曲”，它是人体灵性的重要部分，是每个人与生俱来的、隐伏在中脉底部骶骨腔内卷曲成三圈半的能量。只有在“适当条件”下沉睡的潜在能量才会被唤醒和提升，并通过其上五个轮穴，到达大脑顶部的神经丛，最后穿越顶轮和头骨。此时我们便接通了宇宙的能量，宇宙的能量可以在体内流通，令人达至“自觉”的境界。在这种境界中静坐，一切过去与将来的思想和忧虑都不复存在，大脑在平静中得到了喜悦，身体呈现康泰与满足状态。

七轮 —— 最关键的气血和力量部位

脉轮在人体中是将全身能量聚在一起的交汇点，它并不是一个看得见、摸得着的真实存在。苏联科学家曾做过一个实验，人体的气场氛围可以在疾病发病前的 6 个月体现出来，甚至这些气场在克理安摄影中

可以用颜色反映出来。

人体在健康状态下的颜色十分鲜明，而在疾病发生前，气轮周围呈现明显的浑浊与暗淡。而一个身心健康的个体，则必须要达到身、心、灵三方面的平衡才可以。人体中的脉轮并不是随时随地开启的，当你正承受压力，被负面情绪所左右的时候，脉轮就会关闭。

如果一个人的脉轮能量长期失衡，就容易引起身体上的病痛。唯有身体上的七轮都开启并顺利运作的时候，我们方可拥有一个健康的身体、一个纯净的灵魂。

海底轮

又称为“脊根轮”，位于脊椎底部、直肠后方，震动频率最低，与物质界最相关，代表一种原始的、无名的、本能的单纯能量，是人对衣、食、住、行等基本需求及安全感，统称为对物质上的满足。

海底轮的能量主要掌管身体与肉体的联系，使人感觉安全、放心。

如果海底轮处于活跃状态，你将感到稳定和安全；你认为没有必要去怀疑他人；你觉得活在当下，而且和你的肉体紧密结合。每当这时，你都会拥有充分的领域感。

如果海底轮尚未开启，你会很容易感到恐惧或紧张，认为自己不受欢迎。

如果你的海底轮过度活跃，你可能会有很强烈的物欲和贪心，抑或过于追求安定而拒绝改变。

海底轮的对应颜色是赤红色，代表着生存、安定感、信任、归属感、身体功能及适应改变、金钱、家庭等诸多含义。

能量口诀：我拥有

海底轮

Mooladhara Chakra

वं 脐轮

又称“生殖轮”或是“木质轮”，位于腹部靠近生殖器一侧，主要包括后腰、前列腺、卵巢、生殖系统、结肠、盲肠、膀胱等。它的震动频率高于海底轮，也是喜悦和欢愉升起之处，代表的是创造力及生育能力，与亲密伴侣之间的互动有关。

脐轮主要掌管你在团体中的感觉。

当脐轮能量活跃时，你感觉团体尽在你的掌控中而且有足够的自信心。

当脐轮的能量减弱时，你容易呈现被动状态或者对事情难以做出抉择。你可能会变得唯唯诺诺，以至于无法达到自己设定的目标。

如果此脉轮过度活跃，代表着你可能会有强烈的控制欲和侵略性。

脐轮的颜色为橙色，与之相对应的元素是水，这正是说明了身体是原生物质的体现。当我们的身体从低层次意识向着高层次过渡的时候，脐轮中的元素水也体现出由初级欲望向高级灵魂解放的过程。

特别是对女性而言，爱护脐轮显得尤为重要，因为女性肩负着生育重任，所以在对生殖系统的关爱方面，需要特别细致的呵护。生理状态一旦失调，则会出现背部疼痛、子宫抵抗力低下、消化吸收功能差、便秘及食欲不振等症状。而这些问题通过脐轮反映在精神上，则可能是情绪悲观、创造力低下、人际关系不好、缺少热情、面对遇到的事情感到恐惧，并容易迁怒于他人，且悲观、抑郁。

对抗这些身心方面的症状，我们可以选用檀香、薰衣草或荷荷巴精油，将其涂抹在脐轮处，以顺时针按摩，直到精油完全吸收来进行深度护理。

脐轮的对应颜色是橙色，它掌管着情绪、感觉、享受、欲望、亲密、欲求、爱等多种感受。

能量口诀：我觉得

脐轮

Manipura Chakra

太阳轮

它是人体的意志中心，位于肋骨与肚脐之间，负责对危机和负面状况提出警讯，代表的是一种自我的意识中心。

当太阳轮打开时，你的情感表达自如，而且表达时不会流露出过度的情绪化；你对亲密关系采取开放态度；你感觉充满热情和活力，这说明在性生活方面没有问题。

如果你通常感觉僵硬、缺乏情感或是常常面无表情，则代表太阳轮尚未开启，你对他人采取封闭态度。

如果太阳轮过度活跃，说明你总是过度情绪化。你在情绪上将会过度依附于你认为性感的人身上。

请仔细观察这个倒挂着的三角形，它是火的象征。三角形本应该是顶点向上，但是在这幅图中，它的顶点却是朝下，这正代表了阴性能量在下面，水的阴性和火的阳性在此处被释放；也象征了能量从海底升入天空，沐浴阳光后取得了最终的光明。

如果练习者到达了这个阶段，则表明已进入一个关键时刻，因为水与火的较量是世间最难以调和的矛盾。修行者唯有经历这近乎炼狱的磨合，才能真正摆脱世俗的繁杂，挣脱物质的诱惑，进入一个新的阶段。

太阳轮的对应元素是火，对应颜色是黄色，代表是非、对错、判断、立场、战斗、界限、意志、定力、权力等要素。

能量口诀：我可以

太阳轮

Solar Chakra

यं 心轮

又称“空音轮”，位于胸腔，两乳线的连接点，与心脏的位置保持水平。在瑜伽的定义里，它正是和梵一样的最高我——阿特曼居住的地方。

心轮主要掌管爱、善良等一般情感。当心轮打开时，你会具有同情心，较友善，并且会致力于营造和谐的人际关系。

当你的心轮不活跃时，你会刻意冷漠，并与人保持距离。

如果此脉轮过度活跃，那么你的过度溺爱会令人感到窒息，并且通常你的爱的背后有相当自私的理由。

如果在童年时得不到母亲的照顾，这部分的能力便不能健全发展，长大后，你会变得很胆小、害怕黑暗、害怕犯错，唯恐别人伤害自己。

我们的灵魂也是如此，虽然在物质上会有贫富差距，但是一个人的灵魂却是整体中的一部分，不存在卑微，不存在任何差异。因此，灵魂所投射出的爱，是无条件的、执著的，且不带有一丝功利色彩。

执著的爱与带有功利色彩的爱有很大的不同。执著的爱就像一棵树的汁液，如果它只能眷顾一朵花，那么整个树就会死掉。因此，执著的爱必须是永无休止的，唯有这样，才能润泽万物、永葆生命。

当练习者进行到此阶段时，才能真正发现灵性的本质，也就是生命的本质。

心轮的对应元素是空气，对应颜色是绿色，它掌管着爱、接纳、接受力、允许、包容、悲伤、痛苦等内容。

能量口诀：我爱

心轮

Anahata Chakra

喉轮

它是创造力的中心，又称“清净轮”，位于咽喉部位。喉轮是身体不同能量聚集与具体化的中枢，主要掌管自我表达和言谈。

当喉轮活跃时，你将无障碍地表达自己，并可以借此成为艺术家。

当喉轮不活跃时，你倾向于不说话，你的个性倾向于内向含蓄。不说真心话，可能会使此脉轮封闭。

如果喉轮过度活跃，你容易因失言而感到烦恼，通常喜欢掌控谈话以至于使人无法接近你，因为你不是一个好的倾听者。

喉轮代表着空，它总是趋于静止状态，既没有重量，也没有意识。从这一点，也可以看出瑜伽体系对整个世界的看法：世间一切万物都是经历了从无到有，又从有到无的进化过程。我们的生命无一例外地将最终摆脱肉体和物质形式，回归到灵魂。而瑜伽，正是通过冥想让自己的心境不断地得到升华，以达到纯真、平和、安逸的境界。

对喉轮损害最大的就是吸烟和来自内心深处的愧疚感。这两种因素会导致身体左侧堵塞，这会直接体现在左手的食指上。之所以说强烈的内疚感会给喉轮带来伤害，是因为内疚感强的人不能以正确的态度面对错误，常以内疚感来掩饰它，认为自己有罪。同时，这个人的自尊心不强。如果能静心冥想，此种性格会被逐渐改变过来。

喉轮的对应元素是空间，对应颜色是蓝色，它直接表达身体内在的感觉、创造力、真相以及沟通、共鸣等。

能量口诀：我说

喉轮

Vishuddha Chakra

眉心轮

它是智慧能量的中心，又被称为“师命轮”“慧眼轮”，位于两眉之间。眉心轮主要掌管洞察力和可视化能力。

当此脉轮活跃时，你会有很好的直觉，并且喜欢幻想。

如果此脉轮不活跃，你倾向于依赖权威而非自己的思考，甚至可能陷入迷惑状态。

如果此脉轮过度活跃，你可能会活在幻想的世界中，在极端的情况下，容易产生幻觉。

眉心轮中的梵文字母正是冥想圣言“噢姆”，在印度文化中，这个词是最神圣和最伟大的。世间所有的声音都是从它而生，世界也从中诞生和回归于它。在前几个气轮中，更多地代表了元素，例如火、水、空气等；而在眉心轮中，它代表了整个宇宙。

若是这个中心堵塞，那么最主要的原因就是该个体的自我意识过强。这是因为，右脉若是思考过度，左脉情绪化严重，就会使两脉中的气体膨胀，其直接结果就是中脉受堵，阻碍了灵量在头顶处的汇集。

如果想要尝试改变这种现状，就要培养出宽恕别人和自己的积极态度。一个人若不懂得什么是宽容，那么只能时刻处在一个狭隘阴暗的通道中而不能自拔。

这个轮因为在眉宇之间，所以如何灵活运用自己的眼睛尤为重要。如果我们经常接触一些不纯洁的东西，那么眉心轮便不会处于能量平衡的状态。倘若我们能试着仰望天空，融入大自然的环境中，就可以起到积极的作用。

眉心轮对应的元素是宇宙，对应颜色是靛。它直接影响着个体与宇宙的关系，代表智慧、第六感、预测、直觉等内容。

能量口诀：我看见

眉心轮

Ajna Chakra

顶轮

又称“千光轮”“梵穴轮”，位于头顶正上方，是人体的灵性中心。当此脉轮活跃时，你会倾向于没有偏见，并且能够深刻意识到此世界和你的存在。

如果此脉轮不活跃，你将不会察觉到精神世界的存在。你很可能在思考上十分受限。

如果此脉轮过度活跃，你将可能思考事物过度，抑或对精神世界的追求过度热衷，以至于忽略自己身体的需要。

顶轮用一千瓣的莲花来呈现，它掌管着大脑顶部边缘近乎一千条神经线。虽然这些神经线一般人并不会用到，但是练习者在达到这个阶段时，便会达到瑜伽的最高境界——梵我一如，也就是个体与宇宙的统一，这也正是为什么顶轮位于人的头顶上方。因为从这里散发出的光芒照耀着每一位瑜伽修行者。

当灵量上升，渐渐地达到顶轮的时候，就是我们真正获得“自觉”的时候了。

刚刚进入这个阶段的修行者，他的头顶只有一小部分的灵量，若能够长久地坚持下去，那么每一处的七轮都会呈现打开的状态，洁净的能量会撑起我们的个体，不仅让我们能够脱离自身与“梵”相会，而且能够感受到以山野为地、以海洋为水、以太阳为火、以空气和灵魂为载体的超然境界。

顶轮的对应颜色是紫色，代表无条件的快乐、启发、智慧、自我实现、灵性连接、完成、宇宙意识、了解意识等过程。

能量口诀：我知

顶轮

Sahasrara Chakra

七个脉轮通过顶轮与宇宙连接。前三轮是人生存在世界的物质基础，和身体意识相关；后三轮是人的精神基础，和自我意识及灵魂、灵性相关；心轮位于中间，代表爱，是连接人性和神性、物质和精神的桥梁。

冥想坐姿
让身体回归本原

简易坐

简易坐是瑜伽中最基本的盘腿坐姿，从这个姿势开始，我们的身心将进入一次由外向内的旅行。通过这个坐姿，我们可以调节僵硬的肢体，稳定心神。初学者若还不能完全驾驭好这个姿势，不妨用瑜伽垫来辅助调节。

完成式

弯曲左腿，将其放在右侧大腿下方；弯曲右腿，将其放在左侧大腿下方。盘腿而坐，双手搭于膝盖上。保持上半身直立。初学者可先坚持这个姿势10分钟，待身体逐渐柔软，再增加练习时间。

动作分解

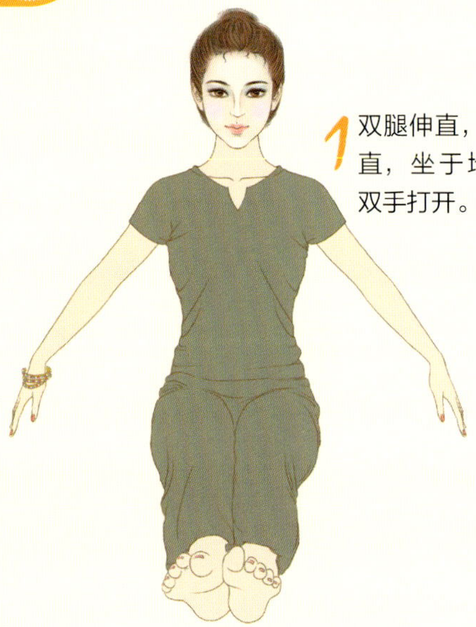

1 双腿伸直，上身挺直，坐于地面上，双手打开。

2 右腿弯曲，将右腿置于左大腿内侧。

半莲花坐

半莲花坐姿极有利于去除膝盖、两腿和双足的僵硬及紧张度，保持灵活、柔韧。更重要的是取这一坐姿，对练习瑜伽呼吸法和冥想大有益处。初学者或关节僵硬者需要先进行相关的膝关节练习，循序渐进。

完成式

弯曲右腿，右脚顶在左大腿内侧；弯曲左腿，将左脚置于右大腿上方。可交换双腿的上下位置，双手打开保持自然呼吸。坚持10分钟左右这个体式后休息。

动作分解

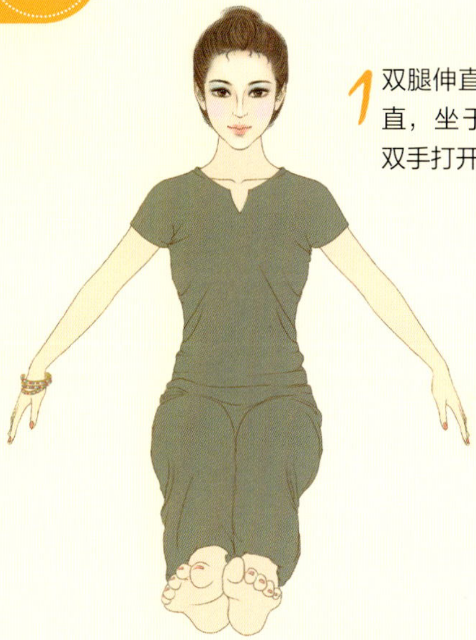

1 双腿伸直，上身挺直，坐于地面上，双手打开。

2 右腿弯曲，将右腿置于左大腿内侧，双手打开。

全莲花坐

全莲花坐是瑜伽中最重要和有用的体式之一。这个体式主要适用于冥想，在佛教中也经常用到。初学者在充分掌握了半莲花式后，便可以逐步进入这个坐姿。

完成式

大拇指和食指相抵，双手分别放于两侧膝盖上方。

动作分解

1 左脚在上，右脚在下，以半莲花坐姿坐于地面上，双手打开。

2 右脚放在左大腿上。双脚的上下位置可交换。双手打开。

至善坐

至善坐被认为是瑜伽哲学中最重要的一个姿势。它是瑜伽冥想的“十二原则”之一，这是因为，瑜伽体系认为人的身上有七万二千条经络，而我们的生命之气流经于此，所以至善坐不仅有助于调理经络，还可以使之畅通无阻。

完成式

轻闭双眼，开始内视，逐渐体会用心眼来观察外部的变化。

至善坐动作分解

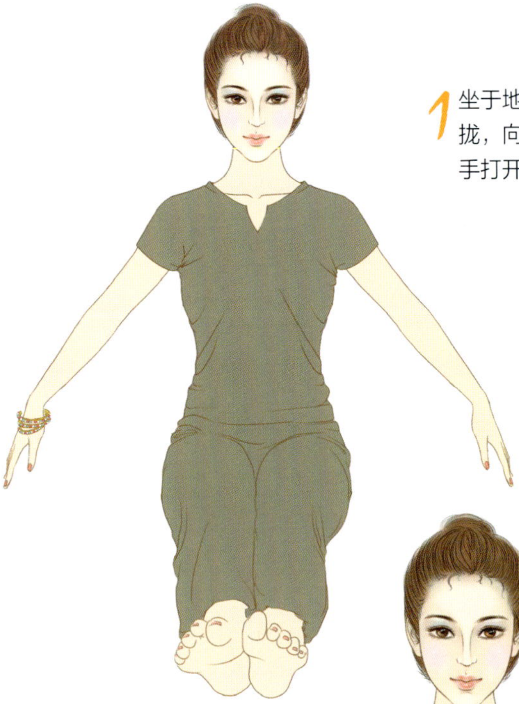

1 坐于地面上，双脚并拢，向前方伸直，双手打开。

2 目视前方，左手弯曲左腿，将左脚脚跟紧靠会阴处，右手撑地。

3 弯曲右腿，将右脚脚后跟放于左脚踝上；使右脚脚跟靠近耻骨，右脚脚掌则放在左腿的大腿与小腿之间，双手放于膝盖上。保持5分钟左右为佳。练习结束后，恢复至步骤1的动作以帮助肌肉放松。

吉祥坐

吉祥坐这个坐姿，可以有效地活动髋关节，增强胯部肌肉的柔韧度。同时，它也是佛教禅定时常用之坐势，故亦名“禅定坐”。它有助于缓解月经不调和坐骨神经痛等病症。

完成式

双脚相对，双膝尽量往内侧收。将双手搭在膝盖上，并用力向下按压腿部。

动作分解

1 坐在地面上，双脚并拢，向前方伸直，双手打开。

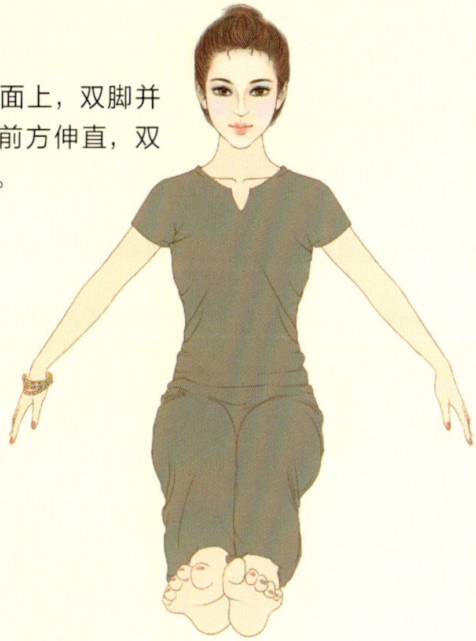

2 左腿弯曲，左手握住脚踝向会阴部位靠近，右手撑地。

金刚坐

金刚坐，顾名思义，因身体如金刚一样坚强而得名。它是初学者必须要掌握的姿势之一。这个坐姿可以令腿、腹、胸、颈部紧缩的肌肉得到充分的伸展。初学者若做这个动作感到吃力，可以先从跪坐开始逐步进入。

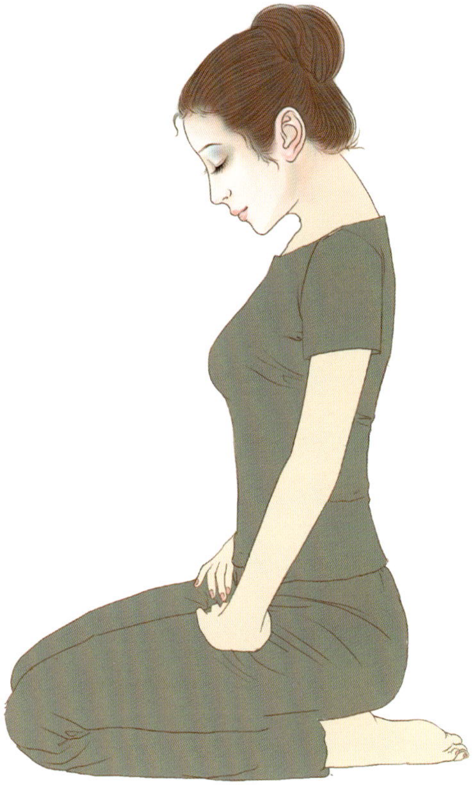

完成式

低头，下巴尽量往回收，颈部微微前倾。

动作分解

1 上身直立，跪于地面上，双手垂放于体侧。

2 双膝并拢，让臀部坐在脚后跟处，放松肩部，手置于大腿前侧。保持呼吸自然。

英雄坐

英雄坐可以促进腹部血液循环，使关节灵活、跟腱组织柔软。传说，这个坐姿可以很大程度地提高人们对抗逆境的勇气，因此很多年轻练习者都从这个坐姿开始修炼。

完成式

臀部紧紧坐于双脚之间，双手放于大腿上方，保持上半身直立。

动作分解

1 上身直立，跪于地面上，双手垂放于体侧。

2 脚分开，与胯同宽，膝盖靠拢，将臀部坐于两腿之间，脚背伸直。双手可放于两侧大腿上。背部保持直立，肩部放松，保持均匀呼吸。

冥想手印
瑜伽的第二语言

秦手印

手印解说

Chin Mudra。在梵文，中“Chin”的意思是“意识（知觉）”，因此这个手印可以被翻译成“对意识（知觉）的态度”。

动作分解

1 选一种瑜伽坐姿坐好。
2 双手大拇指及食指相抵，其余三个手指伸直且放松。
3 双手放于双膝上，掌心朝下。

智慧手印

手印解说

Jnana Mudra。Jnana的梵文意思是“直觉的（本能的）知识，智慧”；Mudra这个词的意思是“态度”。因此，这个手印被理解为“直觉的知识之态度”。

动作分解

1 选一种瑜伽坐姿坐好。
2 弯曲双手食指，食指指尖与相应大拇指指尖相抵或抵住相应大拇指的根部，其他三个手指略微分开。
3 没有弯曲的三个手指和大拇指指向膝关节的前方，双臂放松，掌心向上。

能量手印

手印解说

能量手印可以创造洞察力。当面向未来、面对新的挑战、期待愿望实现的时候，你就得有足够的远见和洞察力。这就需要练习能量手印。

动作分解

1 选一种瑜伽坐姿坐好。

2 双手将无名指、中指和大拇指自然相抵，其他手指自然伸展。

3 双手放于双膝上，掌心向上，肩部放松。

大地手印

手印解说

经常练习大地手印，对刺激神经中枢、刺激毛发生长有很好的效果。

动作分解

1 选一种瑜伽坐姿坐好。
2 双手放于两侧膝盖上，掌心朝上。
3 双手大拇指与无名指相抵，其余手指放松且伸直。

生命手印

手印解说

生命手印可以增强一个人的活力，使之力量增强，消除疲劳和紧张感。

动作分解

1 选一种瑜伽坐姿坐好。

2 将大拇指、小指、无名指相抵。

3 其余两指自然伸展，掌心朝上，放于双膝上，肩部放松。

流提手印

手印解说

流提手印能够有助于活跃人们的思维。经常练习，可令头脑保持清醒。

动作分解

1 选一种瑜伽坐姿坐好。
2 将大拇指、小指相抵。
3 其余三指自然伸展，掌心向前方，双手放于膝盖上且肩部放松。

结定手印

手印解说

结定手印有定、静、安、虑之功效，是人们冥想、悟静的首选手印。

动作分解

1 选一种瑜伽坐姿坐好。

2 双手放在一起，双手掌心向上相叠，双手大拇指相互环住。

3 将双手放于自己盘坐好的双腿中间，紧贴住小腹。

合十手印

手印解说

这个手印意味着身体和心灵的合一、大自然和人类的合一，它可以增强人的专注力。

动作分解

1 选一种瑜伽坐姿坐好。
2 双手合十，放在胸前，手掌之间需要留下一些空间。
3 双臂放松，令身体渐渐进入冥想状态。

CHAPTER 03

曼陀罗冥想
提升内心能量的智慧

曼陀罗以视觉的形式来呈现冥想的灵感。对视觉的刺激，每个人都会有不同的反应，对信息加工，各人有不同的风格。它需要练习者在曼陀罗前面安坐下来，从其中心开始凝视它，仔细体会身体的任何变化。让自己的眼睛随心所欲地自由打量，然后停留在曼陀罗任意一个点上，只要它能让你产生联想，便可以试着稳定思绪，走出焦虑的阴影。

曼陀罗冥想的方法

引领我们从无知到智慧，　　引领我们从黑暗到光明，

引领我们从死亡到不朽，　　啊，让平和降临吧！

——《吠陀圣咏》

冥想之法

歌者克洛伊·古特柴尔德认为，可以通过不同的方法达到冥想的状态：它可以来自真挚的歌声，也可以来自无拘的肢体、犀利的眼力、纯净的思想、博爱的胸怀或者狂喜的拥抱——它是一种极其隐秘的转化方式。

而曼陀罗以视觉的形式来呈现冥想的灵感。对视觉的刺激，每个人都会有不同的反应，对信息加工，各人有不同的风格。所以，在曼陀罗制作与冥想的过程中，将会考虑这些个人偏好。对某些人来说，动觉感官（对我们身体位置和动作的意识）是特别发达的。你可能发觉，动一动肢体，就能激发自己的创造思维。对大多数人，感官体验是非常重要的。因此，若是触觉、听觉、嗅觉，或者味觉对你而言具有召唤力，那么你也许想将其融入自己的曼陀罗制作或者冥想之中。这就是为什么有些人会运用哼唱、焚香，或者精油来帮助大脑进行状态变化。

“爱的奉献”告诉我们设身处地为他人着想，给予最实际的帮助，我们从中得到的不仅仅是满足，更是幸福。

进入冥想的状态

前面已经列出几种进入冥想状态的方法，所以你可以从中选择最适合你的一种方式。不过，你可能会发现下面某种或多种方法尤其适合你。

进入冥想状态的方法

1 采用想象的方法进入冥想状态。在你的心眼中，召唤出一种视觉场面，然后慢慢展开场景。加入你个人的故事，或者加入通过冥想需要的叙述。拭目以待，它会带你去何方圣地呢？

2 录制下你的冥想，这样你可以跟随着自己的声音。语速要慢，这样在重放的时候，你才能有充足的时间进行思考。

3 考虑曼陀罗冥想法。邀请你的朋友或者寻找一个伙伴，一个小群体也无妨，进行曼陀罗冥想。对有些人来说，在群体中注意力更容易集中，更能增强和反映内在的变化。

4 选取一个词语或者主题，诵读冥想引导词，或者是一首诗，然后对其进行观照。审视它与自身的关联和意义，然后自由地围绕着主题进行联想。

5 使用词语——不断地重复某个词汇或者单个词语，比如“平静”。重复这个词，能够将意识拉回你正在思索的主题上。

6 回忆一个可以触动你的特殊情感的场景。一旦这种情感被唤起，你就可以将其转化成积极的情感，并且运用在其他事物上。若是你将积极的情感投射到不同人群之中，那么这种投射的感情便会遍及所有人，不管他们与你是否有关联。

冥想需要什么

冥想指的是一种改变的意识状态。可以用不同方式描述这种状态。用来描述冥想状态的词语有“意识”“透彻”“皈心”“静穆”“平静”“沉静”“圆满”“慈悲”“怜悯”“交互”“极乐”“升华”“光芒”……乃至无穷。

修行冥想数周之后，体内常常会发生巨大的变化：你会感到更加平静、专心，更有耐性，而不易烦躁。你的睡眠会变得轻松，醒来时神清气爽。你会变得更加专注、快乐和自信。当你变得越来越沉静时，便不再容易动怒，注意力更加集中；同时也变得更善于诉诸直觉，因为此时“控制欲”强烈的大脑，已经不再干涉那么多了。

你的直觉告诉你，应该怎么说或者应该怎么做最为妥当，抑或何时放下俗事较为适宜。当体能不断充沛，你可以达到率性自为、生龙活虎的状态。在面对挑战时，你心理上显得更加乐观。所有这些变化和我们的幸福息息相关，因为它们能够增加体能，降低血压，排遣忧郁、枯燥和挫败感。

你在社交场合会变得更受欢迎，因为人们都喜欢和一个积极的乐天派在一起。另外，当你感觉自己已融入其中时，你和别人的交往也会容易起来。不断加深对自己的认识，以及对他人的了解，有助于更好地交流。如果你变得越来越能接受自己，那么你就会渐渐培养出对他人的忍让与怜悯。如果你有同情之心，那么你更容易同他人产生共鸣。反过来，你周围的人也会回报你，这无疑会强化你已经取得的喜人变化。

包容是一种人生的态度，“人非圣贤，孰能无过”，但关键在于我们是否能从中汲取教训，学会善待自己和他人，这会让你的良知在每一次的人生经历中得到洗礼和升华。

冥想与情绪

需要整合与开发的地方正是你的内在。你可以通过冥想消除消极情绪，帮助自己变得更加乐观，让自己生活充满更多的积极体验。你也可以通过冥想来减轻或者清理与过去的纠缠以及对未来的焦虑。为了改变消极的情绪，你可以创建正面的肯定，训练你的头脑以形成健康的习惯，从而增强幸福感。

情绪只是能量的一种特殊形式，我们可以选择生命需要的能量。正义的愤怒是否比宽恕更加合乎情理？你是愿意通过诵读词语，还是借助有力的言辞，收回你表达心声的权利呢？你愿意重新点燃对生命的热情吗？如果是这样的话，试一试火冥想（fire meditation），它可以增加你的激情和能量。如果你想全身放松，可以试一试笑冥想。开心和不开心都是主观的东西，取决于你看事物的角度。只要你想，你就能改变能量的方向。

你所感激的事物会因为自身情况的不同而改变，但是请别忘了关怀和关爱是你表示感激最直接的方式。

灵性旅程的传统

1 “合一”路径——一种与爱人融为一体的渴望。

2 “识别空虚”路径——体验日常生活纷扰背后的广阔空间。

3 “苦难”路径——在遭受了巨大的痛苦、悲伤，或者疾病之后，我们体验到救赎或者改造曙光。

4 “活在当下”路径——当下是我们的肉体、生命、感官，以及我们人伦关系寄居的场所，这是密宗生活方式的一部分。

以上这些传统隶属于不同的冥想方式。经过一段时间的练习，其中有些似乎比其他的更具效果。因此，保留那些适合你的方式，然后渐渐形成自己的冥想方式。

冥想可以帮助我们探索内心世界，揭开我们的真正本质。曼陀罗告诉大家，我们的内在已经有灵性觉醒的种子。也就是说，我们现在要做的就是将自己的注意力从外部转移到内部。曼陀罗还告诉我们，内在世界将会变得强大而瑰丽。

关注生命的完整性以及神奇的交际网络，因为它们的影响波及我们生活的诸多领域，有效而及时地推进我们的生活。让自己同你的内在灵性紧紧相连，容纳这种能量，让它进入你的生活，以滋润你的思维和心愿。这样一来，灵性将会以你特有的方式表露出来。让它来塑造你的生活吧！这种情况首先出现在你的思维和心愿中，然后表露在外。

冥想让你同无条件的爱之源头相连，同时让你敞开心扉接纳更多的爱。经常进行冥想会让你明白存在的真正本质，神秘主义者将其描绘成神之爱。冥想是一扇门，通过这道门，你就能进入一种自我改变的意识状态。

曼陀罗冥想的准备

按照下方所述，做好身体上的准备。在曼陀罗前面静坐下来，凝视它。看着整个曼陀罗，或者从“中心”开始。观照你的思绪，或者仔细体会你身体的任何变化或者反应。这种变化和反应可以是姿势的改变，也可以是能量的流动。让你的眼睛随心所欲地自由打量，然后停留在曼陀罗任意一个点上（可以是颜色、外形、样式或者特征），只要它能让你产生联想。你没有必要去分析曼陀罗的形状——它们会激发你自己的个人思考。按照相同的方法操作该过程，将意识停留在任何与你有关的单词、短语，或者句子上。

卡尔·古斯塔夫·荣格（分析心理学的创始者）界定了四项基本心理功能——思考、情感、感觉和直觉。他说，我们最不喜欢他人之处，正是我们有待改进并融入灵魂之处。

曼陀罗冥想放松术

如果你感到疲乏、紧张或者虚弱，随之而来的痛感和不适会让你无暇顾及自己内在的状态。为了应对这种状况，你可以舒展一下，舒缓紧张的肌肉，同时静坐不动，养精蓄锐，以补给你的身体。在进行其他冥想之前，进行这种训练是非常有益的，因为在积蓄能量或者处理感情之前，你的身体需要放松并且充分舒展。平躺在地板上，尽量让你的身体从其“盔甲”和紧张中解脱出来。不过这需要稍微花点时间。

放松训练

1 从站立姿势开始。当你卸下身体“盔甲”时，缓缓地、轻轻地舒展身体，深深地、稳稳地吸口气。头部轻轻地向前下垂，以拉长你的颈部。左右摇摆头部，舒展紧张的肌肉，同时调节气息以帮助放松。通过呼吸，调整你活动的身体部分的紧张状态。当你的颈部感到舒服些之后，放松你的脸部，特别要注意放松下巴，然后释放留在你肌肉中的紧张感。

2 仰起你的头，缓缓地向上伸展手臂，然后向侧面伸展，同时沿着体侧拉伸肌肉。将注意力放在释放紧张感和缓解不适感上，而不是一味想着去展开动作。

3 臀部着地，腿向前方伸出。挺直后背，然后慢慢地稍微向前弯曲。保持呼吸，拉伸脊椎，忘记不适感的存在，不要想着让躯干紧靠地面。

4 躺下以消除腹部的紧绷感。将手放在躯干的两边，敲拍胸腔正下方的部分，从中心开始，沿着曲线慢慢移至身躯的边缘。敲拍的时间宜稍长，范围要广，稍具力度，但不致造成任何不适感。可以使用双指行走运动的方式，沿着胸腔的底边轻轻地按摩，从中心到外部，然后使用相同的敲拍手法，从中丹田开始，沿着跖骨往下。

5 一旦身体的紧张感得以消除，坐在地板上。慢慢躺下，腰背部先躺下，与此同时伸展你的脊椎，让其舒展开来，以扩大椎骨之间的空间。扩张你的胸腔，扩大骨盆。抬起膝盖，让双足留在地面上，这样可以拉长后腰部。当身体渐渐习惯于开阔和自在的感觉，你会感觉渐渐沉入地板之中。扩大两肩之间的距离，拉长你的颈部，释放紧张感，让其随呼吸而去。

补给能量

补给能量最简单的方法，就是以下面描述的姿势躺在地板上。最好下面放一个垫子，因为你的身体要上下弹跳。此外，也可站立，或者摇摆整个身躯（能量补给训练 3）。

冥想的目的之一就是消除那些为了适应环境而养成的不良习惯。学会摆脱操纵和控制可能是困难的，不过，通过这个冥想，我们可以试着摆脱“心魔”，释放自己强大的力量！

当你的内心对自己选择的生活方式充满自信时，你就会觉得精力充沛、信心百倍。试着激活你体内的哈茹阿，但凡能够促进身心健康的东西，都能够增强此处积聚的能量，从而提高内心深处的灵性，点燃生命之光。

能量补给训练

1 首先，躺在地板上，双膝立直，双臂放在身体两侧，抬起骨盆，将重量放在小腿上，用双手支撑上身，这样双肩不会再因紧张而收紧。

2 深呼气，送至腹部，上下左右轻轻摇摆骨盆；仔细感知这些微小的运动正慢慢为骨盆、胃、胸和腿补充能量。增大活力运动范围，能量渐渐注满整个身体。

3 此外，还可通过站姿补给能量。站立，同时双腿微微弯曲，摇摆骨盆数分钟。渐渐地，将此运动往上扩展，蔓延至全身，让它唤醒和激荡你的身体。不要忘记手臂、双手、双腿和双脚的存在。在摇摆数分钟之后（也可以伴着某首有节奏的音乐），让声音也加入其中，轻轻低吟或歌唱。站一会儿或躺一会儿，感知你的能量在体内流动。

吐纳

在完成了身体能量的补给后，你可以通过吐纳，将注意力渐渐地转移至体内灵性的运动。吐纳和灵性是紧密联系在一起的——无论是阿拉伯语中的鲁哈（ruh）、希伯来语中的鲁阿克（ruach），还是拉丁语中的斯皮利（spiritus），都包含吐纳和灵性两层意思。

你的生命中充满了诸多美好，你每天都应该真心去感谢它们。列一个清单，然后浏览这张清单的内容，回想和体验你的感激之情。

魔鬼代表着人性的阴暗面，卡尔·古斯塔夫·荣格认为人类应该清楚掌握自己的阴暗面，以铸就完整、强大的个体。

吐纳训练

1 一旦你进入放松的状态，就将注意力放在吐纳上，不要试图调节或者控制它。留意你吐纳的节奏，以及吐纳在速度和长度上的变化。仔细观察呼吸时身体的反应。当吐纳依次循环往复，你的注意力是否仍然停留其上，抑或已经无形中游离他处？

2 跟随你的气息，将注意力集中到身体某处；吸气的时候，留意你的鼻子；气流通过的时候，留意你的气管；当气流膨胀时，留意你的肺部；如若你感觉气流抵达腹部，则留意腹部。

3 留意最大吸入量，在你进行下一个吐纳之前，请留意其与上个吐纳之间的间隔，意念随呼吸前行。关注吐纳时吸入的气流、呼出的气流及它们之间的间隔。

爱的奉献

学会先人后己，是灵性成长的必修课。这就是为什么通常孩子是我们最好的老师——正是他们对生活的需求，才让我们不得不勇敢地去面对生活，也不允许我们沉溺于困境而不能自拔。

他人给予的关怀，总能让我们之间更加紧密相连。与其整天关注自己的需求，不如想想可以为他人做些什么。如何给予别人帮助呢？你是否有闲暇去帮助他人、陪伴他人，或者给他们提供一些实际的帮助？你能否从他们的角度出发，设身处地为他们的幸福着想呢？你能忍受他人的贫穷、痛苦和伤病吗？当看见他人苦苦挣扎时，你能袖手旁观吗？

下面的冥想可以在某位病者的床榻旁进行，也可以手持某人的心爱之物，抑或是亲人、朋友的相片，来帮助你了解他们的需求。

爱的奉献之冥想

1 想象你坐在他人身边，让你的呼吸和他们协调一致。若你手中持有某物，那么就想象着它代表的人，让他们的本质通过呼吸进入你的身心。

2 将注意力集中于他们此刻的感受，试着感受他们的身体状况：是轻松自在、焦虑不适，还是烦躁易怒、忧心忡忡？

3 专注他们的精神状态，他们的心情如何？他们如何体味生活，如何肩负生活的重担？

4 思索一下，如何在情感上给他们提供实际帮助，通过一段时间的“了解”，你就可以本能地想出一些有用的方法来帮助他们。此后，再看看他们是否希望获得其他形式的帮助。

奉献与智慧

奉献的感受都是纯净的感知，它的成分是美善与纯真。这些都是信任神的感受。我们的信心若没有智慧做后盾，可能在你需要它时会忽然变得缺乏灵性。想要灵性的成就持久，那么信心与智慧皆不可少。倘若信心与智慧二者缺一，生命即则难以正确运作，就像了解医生开什么药，自己却不信赖它们一样，内心感到不可信，令自己觉得不安全。所以，好好让自己的感情与内在紧密沟通，互相了解，密切合作吧！

爱的力量

爱能释放出每个人最善的一面，同时为世界创造更多积极的能量。让我们培养一颗爱心、一份真挚的友谊，同时建造一个充满爱意的家庭，一家人和睦共处，可谓家和万事兴。你付出的爱越多，收获的爱也就越多。

爱的力量是无条件的。它是一种全盘接受的态度，爱需要一种心甘情愿，以敞开你的心扉，不管他人是否善待你。 爱需要放下对他人的苛求，接受其本来的面目。通过冥想，我们与爱同行，看看吧！你的身边无处不是爱的影踪；这个世界将会在你的眼中变成一个充满爱的国度。

在这个曼陀罗中心的莲花处，坐着一对拥抱着的爱人。当我们的目光凝聚于此，那么就开始去有意识地爱对方，让这份爱从曼陀罗的中央映射出来，开花结果。

爱的力量之冥想

1 坐在一处让人愉快、心情安定的地方，这样有助于让你的感情变得柔和。放松身体，进行吐纳，深深地、缓缓地，直至腹部。

2 将注意力集中在胸部（乳房中间）和心脏的中央区域。

3 心无杂念，然后去感知该区域传来的强大力量。无论是喜是悲，是充盈还是空虚，都不要去压抑它们。

4 让你的心间充满喜悦与幸福，用这种能量去滋养心脏区域的感觉（无论是轻松还是沉重，是愤怒还是欢欣），以便达到融化这种感觉的目的。

5 当你变得聚精会神，你可能就会觉察到心间越来越暖，或者有一种心中似乎充满了光芒或五颜六色的感觉。让这种光芒在你的心间成长吧，同时让爱渗透你的存在和生命的每个角落。

一句“我爱你”为什么这么痛苦

印度思想家斯瓦米·韦委卡南达，曾经在《爱的睿智》一书中，对爱情做了这样的比喻：

“爱情是一个三角形。第一个角代表‘爱情不懂得如何处理’；第二个角代表‘爱情叫人不懂得什么是恐惧’；第三个角代表‘爱情不了解谁是竞争者’。”

爱一个人就是要站在他（她）的立场去想事情，放开自己的固有观念，解开自己的所有束缚。如果不给另一半自由的空间，盲目地执著自己的爱情，要求对方为自己而活，那么这份爱未免过于狭隘，太过于自私了。

“在爱的国度里没有痛苦。”

“爱这件事，就是容易叫人满足。”

——吉杜·克利希那穆提（印度哲学家）

拥有一颗感恩之心

在该冥想中，你赞美生之喜悦。你的生命中充满了诸多美好——你每天真心地去感谢它们。从列一个清单开始，然后浏览这张清单上所列出的内容，回想和体验你的感激之情。

你应该感激的事物可能依据自身情况和生活有所不同，但是你不妨先赞美你的生命、你的经历、生命力和健康。当然，这其中也一定包含你的家人，你享有的食物或者财富以及你生命中重要的人，诸如你的家人、好友、街坊邻居以及所有帮助成就你的人。抑或在你的成长过程中，为你创造阻力的人，他们或许被你憎恨过、厌恶过，但是不得不承认，正是那些经历、那些伤痛，成就了如今成功的你。

你也同样会为你拥有的天赋、掌握的技能，以及克服困难的方法、转危为安的智慧而心存感激。勿忘对你所创造之物表示感激，勿忘为你授予他人之物表示感激，勿忘对你关爱他人以及他人关爱你的万千方式表示感激。

拥有一颗感恩之心之冥想

1 在感恩之前，席地而坐，闭目深思，心如止水，放缓呼吸，为你的健康和幸福表示感恩。

2 将思想移至启迪过你的恩师、同事、你曾经的爱人（此刻你内心中应该回想你们在某件事上心灵相通的那一瞬间）。

3 感谢你所拥有的能力，感谢帮助过你的朋友和敌人，赞美你的成就和伟业。

4 最后，关注成长和变化的机遇，或者将你需要的品质引入生命中。

借人之智，完善自我

人生不如意之事十有八九，在事业上遇到挫折，在人际交往中被人排挤……满腹的委屈是不是还埋藏在你的心底呢？它是否纠结成令你无法逾越的障碍呢？可是，你是否明白，人——只有经历了岁月的洗礼，才能真正走向睿智、走向成熟。蓦然回首，那短暂的阴霾仿佛一朵浪花、一缕馨香，在人生的长河中静静地为我们筹划新的开始。

生活需要我们用感恩之心去回馈，而这种内心的强大也需要在生活中被磨炼。看着桌子上那崭新的日历，那全新的生活或许已掩藏在某个角落中，它会因我们的成长而变得更加璀璨。

自尊、自爱、自强

即便你是个害羞且犹豫不决的人，你的内心也一定希望体验富有激情的生活。但是缺乏自尊让你畏缩不前，不敢与他人交往。学会估量自己天性的价值，充分利用多情的内心世界。

自我怀疑和缺乏安全感让你看不清所拥有的个人力量。负罪感、羞耻感、自我悔恨和畏惧感会阻碍你融入生活。除此之外，这之中还存在其他不自信的表现，包括安于现状，因为你觉得自己不配获得更多；或者只是因为不知道自己到底想要什么。沉湎于过往，过分依赖他人或环境让你一事无成。相反，将自己丰富的感情视为一种财富，这可以让你感知自己的内在，并且看到脆弱的一面。

自尊、自爱、自强之冥想

1 你认得出自己身处一圈活力四射的女人之中吗？承认自己是闪光的金子吧，和他人一样有价值，值得被尊敬。你以微妙的方式（通过直觉及感官）同他人连接在一起。因为你的认知已经准备好了，此刻你有能力去思考在特定的情况下将发生什么。

2 要认识到本性有它自身的价值，学会欣赏它，即便它让你缺乏安全感或者让你在社交场合尴尬难堪。重视并培养你的性格，为自己营造安全感。这有助于你治愈内在创伤，找回被它吞噬的自信。

3 当你重获自信，要学会独立自主，正视自己，时刻准备着向人们展示你的丰富情感和长处。

尊重他人

尊重他人是灵性意识带来的态度。

有了灵性意识，才能明白身边的人一个个在怎样努力，怎样提升自己，然后集中注意他们的潜能，尊重他们的特质，而不是斤斤计较他们的错处。

事实上，要帮助别人不再犯错，这是唯一的办法。

评估一下自己对朋友有多少信心，就知道自己有多少灵性意识，这种信心和爱才是真正的尊重。

创造一种美好的生活方式

如若你能发掘内在的潜能，并从磨炼中成长起来，这样苦难便可以为灵魂提供救赎的机会。灵性修行需要不断自省而去获得积极的改变，当下的人们之所以怨天尤人，正是缺少对心灵的洗涤。

苦难源于身体失调或者情感的痛楚。人们常常会屈从于身体的疼痛，但是大多数人却强撑着情感的痛苦。其实只有在极具挑战的情况下或者黑暗的时刻，才会存在成长的机遇；若没有困难和挑战，很难坚持不懈，从而获得成长。通过这些，你可以培养出良好的品性，这些品性在其他情况下是无法养成的，让自己受益，进而福泽他人。

穿越苦难之冥想

1 佛教徒修行的施受法（赠予及获得）是种绝佳的冥想，它利用你在消极处境下的挣扎，以及为他人谋求幸福与克服苦痛。当吸气的同时，你直面人类不可回避的所有苦难；而呼气时，你释放出生之为人的奇光异彩。

2 吸气的时候身体保持开放，吸入周遭所有的苦难。不仅要吸入自己的未解难题、疑虑和痛苦，也要吸入他人的。用自己的肩膀扛起这些苦难，让他人少负担一些。要知道，你强壮的身心足以承受这些苦楚。

3 将快乐、力量、技能、平静、坚定、睿智、幸福、无畏和福气通通呼出。这个世界需要这些品质，而你此时，正与大家分享。

永恒的快乐

永恒的快乐在内心与感官都处于静寂平安之时出现，在那种状态之下，人就有灵性的力量：我们做事完全摆脱了欲念与世俗的迷恋。

这种快乐将消除我们一切的悲痛。如果有人不快乐，来到这里，我们可以除掉他的不快，请令周围整个气氛安详起来。

当然，这不是一蹴而就的，但事实却真的这样发生了。

永恒的快乐，即口中说的那种，快乐永远与我同在，即使它好像用光了，我只要想起它，它就会回来。

提升内在的灵性

个人能量的中心在哈茹阿（Hara）中，位于丹田。冥想和武术练习者会练就强大的哈茹阿，通过冥想来生成能量。哈茹阿是称呼神的能量，它表示至尊快乐。

当你在内心对自己选择的生活方式充满自信之时，你就会觉得精力充沛、信心百倍。他人对你的任何肯定都是一种奖励，但是并非你寻找自我激励的缘由。你的动机更多地来自于无尽地表露深埋于内在的能量。

为了积蓄能量，以证明自己的核心价值，请使用该冥想方式，以激活你的哈茹阿。哈茹阿就像一块电池，能够凭借它来进行充电。但凡能够促进身心健康的东西，都能够增强此处所说的能量，从而提高内心深处的灵性，点燃生命之光。

这个曼陀罗以向日葵为中心逐渐向外扩散，正像哈茹阿代表主的最高能量，此处的向日葵则象征曼陀罗的超然种子，通过诵读、呼唤主的名字来提升内心的能量，净化个体的灵魂。

提升内在灵性之冥想

1 站立，固若磐石，进行一会儿急促的深呼吸，用腹部肌肉进行呼气，感受你的哈茹阿渐渐充满能量。

2 你可以想象一株向日葵在你丹田之处，也可以想象你的腹部闪耀着金子般橙黄色的光芒，温暖四溢。想象这种温暖的光芒渐渐加强，变成橙色，然后朝地底下伸出一株蔓藤植物，扎入土地深处，宛如向日葵的茎秆，抑或是向下发出一束光如藤蔓。它慢慢长大，最后成为一道强光，笔直下泻，直至地心。

3 每吸气一口，从地心获取能量，这些能量沿着那道光束往上攀爬，达到你的能量中心部位。让这股能量恢复你的气力吧！为你的强壮和力量欢欣鼓舞吧！

在日常的琐事中激发内心的潜在能量

如果把心脏的跳动当作是肉体本身，那么我们每时每刻的心思都会受到“跳动”的制约。心乱了，我们也就跟着乱了。当自己的心跳被束缚的时候，那么烦恼、悲伤也就随之而来了。

在日常生活中经历什么都好，最为重要的是面对周遭的一切，我们应如何从容应对；然后怎样战胜它们，怎样将难题迎刃而解。这个过程虽然令我们倍感痛苦，但却是强化内心世界必不可少的修行之一。

所谓的人际交往，应该是摒除一切杂念，让内心回归“清澈”的状态。不要因为他人的恶行而产生仇恨，将掩藏真实自己的保护罩拿掉，把自己交给内心去支配，逐步提升内心潜在的能量。

释放内心强大的力量

当你感到紧张、焦虑，或者警觉的时候，你的身体就开始不自觉地“武装”起来。如果你对自己严格，那么你也会对别人苛刻。褪去你身体的“盔甲”，有助于帮你改变那些曾经习以为常、对他人漠不关心的不良习惯。

冥想的目的之一就是解除那些为了适应环境而养成的不良习惯。有时我们为了某种愿望而一再地压制内心的想法，但这种愿望的无限膨胀会在一定程度上超出心灵所承受的极限。学会摆脱操纵和控制可能是困难的，也是痛苦的，因为它会挑战你长期的自我形象。不过，通过此处的冥想，我们可以试着摆脱“心魔”，释放自己强大的力量。

该曼陀罗要求放松腹部，这样可以释放下腹部积压已久的紧张感。如果你想在这个曼陀罗内，或者身体能量中心释放能量，也可以选用个人能量进行此冥想。

释放之冥想

1 端坐，身体放松，吐纳数分钟。放缓呼吸的速度，让每次呼吸沉入腹部，腹部不断起伏。这样持续下去，直到失去时间感。

2 将空气引入你的腹腔，屏住呼吸。想象着一团光芒和热量，宛如太阳坐在你的肚皮上。让你的腹部吮吸这股温暖，变得温和、放松。让太阳温暖的光线遍及你的身体、四肢，然后向外漫射，直到全身变得温暖。

3 让太阳的光辉照亮光芒微弱的新月；月亮依偎在太阳之下，从你的体内飘过一阵清新、凉爽的微风。太阳和月亮交织在一起，放出道道光芒，充盈你的身躯。吸入这股清风，温暖你的腹部。

将渺小的自我释放到浩瀚的宇宙中

当清晨的第一缕阳光伴随着清脆的鸟鸣，一起打破周围的宁静，我们总是会想："如果就这样慢慢老去该有多好啊！"但是无论我们是喜是悲，是兴奋是落寞，日子总会一天天地过去，时光总会一点点地流逝，太阳还是会照常升起，这些都不会随我们的意愿而改变。过度执著于一些事情，只会令我们的身心变得疲惫、生活变得痛苦。

所以请不要忘记我们的每一次呼吸都和这个宇宙紧密相连，逐渐膨胀的欲望只会徒增烦恼，放下自己的执著。在每一个深夜，仰望星空，将渺小的自我释放到浩瀚的宇宙中。

身体与心灵的融合

瑞士心理学家卡尔·古斯塔夫·荣格认为我们一生中最重要的任务就是发掘并实现自己的内在潜能。目标就在于将自己所有迥异的方面合而为一，即便这个过程意味着要忍受不断增加自我认识而带来的不适感。

荣格界定了四项基本心理功能——思考、情感、感觉和直觉。他认为，在大多数人身上，这四项中的一项或者两项在心理功能上占了主导地位，而我们需要做的就是加强较弱的那几项。同样，我们在潜意识中将自己的可鄙之处归咎于他人，因为我们不愿承认。荣格说道，我们最不喜欢他人之处，正是我们有待改进，将其融入灵魂之处。

身心合一之冥想

1 凝视曼陀罗的四角，同时反思自己还不成熟的方面——你想让它们变得更加成熟，想一想他人的哪些品质会让你抓狂（比如说，你厌恶那些“控制狂”，或者混乱之人），然后反思自己是否也有这样的缺点。

2 如果你无法集中注意力进行分析，那么不妨试着去全天练习如何集中注意力。

3 若你对他人无动于衷，那么不妨试着全天为你的感情排序——关注自己的感情，也试着关注别人的感情。

4 若你无法接纳感觉信息，那么不妨尝试着进行感觉输入和刺激训练。

5 若你很难接受直觉信息，那么不妨时常停下你的脚步，看看你是否获得应对某情况的本能信息或者知识。

给疲惫不堪的心灵寻觅一方沃土

累了，就停歇一下；想了，就怀念一下；烦了，就放松一下。

任何人也无法替代你的忧虑，当然，也无法分享你的幸福与快乐；任何人也无法取舍你的选择，正如无法左右你的脚步。

一切随缘就好，刻意了会失意，所谓希望越大，失望越大。

当我们对生活感到迷茫、痛苦时，不妨停下自己的脚步，为疲惫不堪的心灵寻觅一方纯净的沃土。

驱除体内的情绪恶魔

在曼陀罗中，魔鬼都有很悠久的历史，它们常常被描绘成在烈火中焚烧，或被圣人踩在足下者。魔鬼代表着人性的阴暗面，荣格认为人类应该清楚地掌握自己的阴暗面，以铸就完整、强大的个体。

魔鬼常常和无知以及冲动的负面情感联系在一起。当你意欲驱赶的时候，它们反而变得愈加强大。曼陀罗中常常有它们的形象，因为生活本来就包含着光明与黑暗。驱除内心魔鬼的唯一途径就是去了解它们，剥夺其能量，让它们不能作威作福。当然，它们也可能有什么话想对你说，因为魔鬼常常代表着人类未知的部分，它们总想与你光明的一面合二为一，进而统治你的灵魂。

消除情绪恶魔之冥想

1 当魔鬼出现在你面前时，注意它的形状，以及它的纹理。它会散发出气味吗？它靠近时，你是否察觉到口中泛出一种味道？

2 体会你的情绪感应，注意它们来自于你身体的哪个部分，接受你的反应。保持呼吸，直到当魔鬼靠近的时候，你感到越来越自在。

3 邀请魔鬼在靠近你的地方坐下，同时让深沉、缓慢的呼吸包围着你。它有什么特性呢？如果感到恐惧，记下让你恐惧的东西。但是要一直保持着呼吸。

4 想象你的周围升起一圈火，跳跃着的火焰紧紧包围着你。想象着它们在毁灭你的恐惧、愤怒和消极情感。

5 火焰渐渐熄灭，你已然得到放松，留下的不是黑暗的余烬，而是柔和的白光，几近透明。让你的恐惧消失吧，或随着光的粒子四处散开。

给心灵做一次大扫除

心理学家认为大脑的内部构造和我们房间的状态大致是一样的。也就是说，房间的凌乱程度在一定时候可以反映大脑的内部情况。

房间凌乱的人，想必他的大脑在那个时期一定处于混沌状态，进而心情变得烦躁不安，做什么事情都变得举步维艰。我们把这种时刻称为“情绪恶魔时期”。

如果此时你正遭遇这种时刻，那么也不要过度紧张。如果时间允许，不妨先把自己的房间收拾干净，当你周围的环境变得干净、整洁的时候，相信你焦躁的心情也会随之舒畅起来。这也是用体力劳动来消除不安情绪的方法之一。

抚平身心的创伤

病症是身体或者灵魂因不适而失去平衡的标志。不管你是想探索痛楚还是存在未解决的情感问题，首先你都可以回想它们，然后关注它们。抚平身心创伤的冥想是一种完美的自我解救方式，适用于任何人。

疾病是一种信号，它预示着我们的身体在经历某事（如创伤或者疏于照料）之后，正寻求调整，以找回被打破的平衡。身体的天然机制有自我恢复的功能，可是我们不知轻重地忽略这些机制，让慢性疾病和苦痛有了可乘之机。你的灵魂或许正在寻求完满和方向，你的精力或许需要重新补给，你的免疫系统或许需要帮助。那我们可以借助下面这个冥想给疲惫的身心注满能量，抚平曾带给我们无限悲伤的伤口。

抚平身心创伤之冥想

1 凝视此处曼陀罗，通过头顶处花冠，想象从这个方向引来一束白光，让它倾泻于你的全身，直到脚踝。让这束光洗涤你身体的每个部位。

2 当你感觉它覆盖了你的周身，将其导向需要的地方。这样那些令你感到虚弱、倦怠、不畅，或疼痛的部位就能得到净化，重新恢复能量。忘记痛楚和苦难，忘记那些有碍你完满的事物。敞开你的心扉，让它呼吸自由。

3 体会那束白光让你重获新生。让它渗透你的骨骼，像一道X光线或者超声波。舍弃黑暗，让治疗之光深层次地净化你的身体，直至每个细胞。

4 在你的心眼中，想象你的身体已经痊愈，你感觉浑身轻松。让能量在体内顺畅地流动，连接各个器官。每股能量都彼此环绕，你身体的每个部位此时已处于一种恒定的通透状态，发出阵阵能量和具有生命力的脉冲。

让“宇宙的能量”成为我们的朋友

“最近总觉得很累！”“一点力气都没有，健康状况亮起了红灯。”——你是否也有过这样的感受呢？如果回答是肯定的，那么请继续用“宇宙的能量”帮你恢复身体的元气。

简单点说，“宇宙的能量”又被称为“生命的力量”，是蕴藏在我们身体内部的灵性之气。

如果你时常感到身体不适，精神不在状态，那么不妨先进行 1~2 次深呼吸，将体内的污浊之气排出体外，然后走到室外，静静地沐浴阳光，感受清风拂面；抑或是在夜晚遥望浩瀚的宇宙，想象着“宇宙的能量”在我们的身体中开花结果。

在悲伤中微笑

你永远不会失去亲近的人，因为这种亲密关系带来的好处会常伴你左右。令人满足的亲密体验滋润你的心田，也已成为你灵魂的一部分。

很多事情会让你伤心不已，从艰难的过渡期到痛失亲近的人或挚爱之物。失去信心和信任的悲伤是巨大的，这可能会令你处处设防。应对这种悲伤，首先要承认自己损失之惨重，然后勇敢地直面悲伤。若和你有些小摩擦的人故去，你会觉得格外难以应对，因为你再无机会修复你们之间的裂痕。

悲伤之冥想

1 以美好事物为荣，但要懂得放手。要感激他人或环境的赠予，有意识地将这些美好事物吸收为己所用。若你感受到爱，那么张开双臂接受这份爱——爱你的人可能已经故去，但是爱依然在。这份属于你的爱能唤醒你心中爱的力量。用心体验你复苏的生命吧，让你的能量再次苏醒。

2 现在弄清楚你们之间的问题所在。在你内心之中感受他们的面孔或感受他们的存在，想象你们正凝目互视。有什么想说的，就应该说出来，不要三缄其口。想象他们听到了你的话或许还会有所回应。送给他们一些随身携带的小礼物。和他们相拥而别，用你的心目送他们远去。

3 接受结束和流逝的一切，在心中为未来的生活开辟一方天地，寻找一条新的道路。

经历痛苦是为了更好地发现幸福

幸福、快乐和痛苦、悲伤是生活的两大组成部分。

人们之所以会痛苦，是因为幸福过；之所以会悲伤，是因为快乐过。

经历痛苦、悲伤是为了让心灵去发现快乐的存在，经历幸福快乐则是为了个体去认知悲伤的存在，然后学会珍惜来之不易的幸福，拥有克服困难的勇气。

重获内心的快乐

你敢于细细品味自己的经历并感受自己的力量吗？为了追求自由和快乐，你也许不得不献身于枯燥的工作——这是一种远离生活的状态。观察自己的内在，学会安静地生活，重新获得内在强大的活力。

枯燥——一种外部刺激的感受缺失——是一种渴望消遣、娱乐的内心躁动。我们用它保护自己，免受痛苦情绪或者空虚感的侵扰。如果用较为愉悦的感官感受来代替这种不适感，我们就会变得依赖。诸如糖、巧克力、烟、酒、毒品或药物之类的刺激物。枯燥表明我们对生活的多姿多彩已经失去兴趣。解决这一问题的办法是避免紧张和烦乱，完完全全进入你的生活，找到内在的源泉，审视你的内心深处，寻找真正的快乐。

重获快乐之冥想

1 花上片刻时间，做做深呼吸，平静自己的身心。找到你内在的本质：一束光之闪亮，或者一阵能量的悸动，或者一个自信的核心，抑或一种自我的认知。

2 让光向外辐射，让能量流转周身，让信念的核心慢慢扩大，让自己的认识更加清晰。

3 让这些品质变得更加坚实，这样你会变得更加坚定、更有安全感。你不仅感觉自己能够胜任，同时也是绰绰有余的。

4 容纳自己，欣赏自己，展示自己的风采，让自己成为注意的焦点。让这种能量滋养你，为你提供能量吧。当你越来越满足的时候，你自己也会变得越来越自信。

重获快乐

最妙的营养品是快乐，因为它是万灵药。最惨的病患是悲痛，因为它是致命的毒药。灵魂悲痛了那么长时间，真正的快乐不会出现。把悲痛忘得一干二净，心里只剩感激之情和大量喜悦。真正快乐的经验会医好悲痛的病患，这种疗法不仅使自己的生命创造欢悦喜乐，还会为全世界创造欢悦喜乐，因为真正的快乐可以令一切事物变得美好。

包容是一种态度

“人非圣贤，孰能无过”，但关键在于我们是否能从中汲取教训。我们要富有同情心，不仅要宽以待人，也要宽以待己。因为我们犯错一般都出于无意，或者源于欠考虑。

负罪感是一种比较主观的感觉，当人们做了一件自己觉得违反了良知的事情后，后悔的情绪便由愤怒转化而来，这源于良知对正误的判断。若你已经明白做人应该行为正直，那么你也无须悔恨。只要下决心不再犯同样的错误，你就可以原谅自己过去的无知。学会容忍、尊重自己和他人，你可以使用这种冥想助你摆脱过往的一系列悔恨，通过自我谅解来治愈负罪感、羞耻感和窘迫感。

负罪感之冥想

1 要为自己的行为负责，明确该行为可能引发的后果，还要留意别人的需求和权利。要明白“己所不欲，勿施于人”。原谅自己的无知，将其视为成长的机遇，借以提高自己的觉悟。

2 培养积极的生活态度。转变你的思想去爱生活的其他方面——你我皆相连，不要过于执著。在烦躁时，不妨换个角度去想想眼前的事情，说不定你真的可以发现新的线索。

3 人们总是会犯错误，或因为缺乏认知，或因为短期利益之欲，对此我们要理解并同情。“人非圣贤，孰能无过”，不要因一个错误而消极堕落，鼓起勇气原谅当下的自己吧！

4 现在回想你曾经通过自己的努力而顺利解决的问题。面对棘手的困难，不妨用你心中涌出的同情之心和宽恕之泉将其化解。

容忍

容忍有三种：一是忍受一种处境，一是花费很多精力去适应或者应付它，一是运用灵性力量穿越处境。别人一讲某件小事，你就开口抱怨或哭泣，如此敏感是不妥的。

不过，我们没有敏锐的感觉也不对，用爱心去理解人家在说什么，用感官去留意别人讲什么。若总是认为他人讲话刻薄、言辞犀利，使得自己百思不得其解，那么只能证明你的容忍力不够。长此以往，你的灵性境界会逐渐下降。

记着，把自己当作生命舞台上的一个演员，清醒一点，冷静地演好这个角色，努力修炼，轻松晋级。

两性间的处世之道

互惠与和平共处的诀窍在于容忍他人的“异端”。让他们保持原态，不要试图改变他们的做法。借以温柔、关怀和怜悯表达爱意，同时找到属于你们两个人之间的性爱之道。

在该冥想中，你想象自己刚刚经历过性高潮，一方作为另外一方的向导或者见证人。有规律的冥想可以滋润你们的关系，巩固你们的感情，让你们更加亲密。在性爱过程中，你可能会达到一种不同的境界，结束后进行冥想亦可以巩固并增强这种感受。下面的冥想可以帮助你在某段时间内保持性爱过后内心的愉悦状态，并且可以增进两个人之间的爱意。

两性关系之冥想

1 让自己进入深度放松的状态。你的伴侣与你轻声说话，催促你描绘自己的感受，这刚好让你不致入睡。你们躺在一起，专注于平和体内的能量，或者躺在一起敞开心扉，内心充满对伴侣的爱。

2 当你进入这种冥想状态时，用心感受内在涌起的任何与之有关的联想、感觉、情绪、形象或幻想，让这些同时在你的心中自发地涌现。

3 向你的伴侣描述这些，而他（她）倾听着，不作任何评论，也没有解释，只是一个见证者。当你在寻找言辞来表达你的感受，并同你的伴侣进行分享之时，你们两人就有意地相连在一起，在该冥想过程中产生的能量也彼此交融。

4 此刻，倾听同伴描绘他（她）的体验，继续保持这种相互接纳、充满爱意的氛围。

将爱融进内心

现代人的爱离开了心，钻进了脑。

我们不时头痛，就是这个缘故，因为不是心去寻找爱，而是用头脑去寻找爱。

可怜的心失去了爱，很不快乐。

人人都在寻找爱，连小孩子也一样。

如果我们进入自己内心，就会再次发现爱是怎么一回事。

如果我们在外面寻找，恐怕一辈子也要不停寻找，因为想找得到爱，非进入内心不可。

成功后的洒脱

成功是有关个性和世界观的表述，它将跟随你的整个生命旅程。很少有人认为自己任何事都可以成功，也鲜有人认为自己一无是处。让我们学会将任何对自身的怀疑转化成对未来最终成功的信念。

成功都是相对来说的，此刻万人拥戴，下一刻可能就是孤家寡人。畏惧失败会让我们毁掉生活中出现的美好事物，因为我们过早地放弃，甚至连尝试一下都不敢。我们也可能会畏惧成功，担心一旦轻易成功，命运就会将我们击倒；抑或是别人出于嫉妒和竞争的缘故，而故意疏远我们。但是，如果你用开放、积极的态度告诉人们你如何乐于和他人交往，他们就会为之所动，从而接纳你。让世界与你共同努力，投身到你真正感兴趣的领域。你心中想要成为什么，未来你就可能成为什么。让自己在这个世界上大展拳脚吧！

渴望成功之冥想

1 想象你的畏惧和局限是一潭死水，你让其继续流动起来。做几次缓慢的深呼吸，想象你的呼吸正释放这团僵化的能量，即将开始流动。随着你的呼气释放畏惧，进而令每次呼气排出的能量越来越多。

2 感受一团自信的力量在你的心中成长。每一次吸气，都将为此处注入新的能量。

3 让这个曼陀罗慢慢变大，为你带来越来越多的幸福感，它让你明白你是受人欢迎的、是成功的。用心感受内在力量和对自己价值的肯定。

4 用心感受，信心在体内膨胀。要知道你拥有所需的全部能量，但是要满足目的感，你需要更多的能量。让自己像金子般发光吧。

化整为零，循序渐进

成功即化整为零、循序渐进。

它并非一蹴而就的坦途。

很多人容易颓废，觉得任务太难了完不成，于是产生焦虑心理，只好选择暂时逃避。

我们做任何事都要具备战略性的长远眼光，学会提前规划。

对问题进行分解；弄清主要问题是什么；对自己的资源进行重新评估；之后再合理分配人力、物力。

生命之树

树，荫蔽我们，也润泽我们的身心，是地球之肺。它们拥有极强的繁殖能力和超长的寿命，因此它们是人类灵感的源泉，所有古代文明无不将树视为“力量”的象征。

通常，生命之树象征着天地合一，象征着出生、成熟、死亡、重生，以及人在宇宙中的位置。人类可以看作树上的一种果实。在一些神秘的传统中，这些树为人们提供了“创世的蓝图”。我们亦可以将其视为团结的象征，因为它代表了共同生活——这是友谊和交流的例子。

在内心深处播种希望之冥想

1 想象你坐在一棵历尽岁月沧桑的参天大树的荫翳之下。它枝繁叶茂，看起来如一个并不规则的球体。粗壮的树干纹理粗糙，娇嫩的枝条茁壮成长，顶端是娇滴滴的嫩芽。在整个生长过程中，水和养分都在源源不断地给予它能量。

2 大树滋养了无数的野生动物。鸟儿在树顶安筑巢穴，其他小动物和昆虫也在隐蔽处和缝隙间找到了栖身之所。

3 这棵大树经历过狂风暴雨的吹打、无常天气的侵袭、污染的蹂躏和人类的摧残，孩子们在其身上上下攀爬，大人们从其身上获取柴火。然而，它依然屹立不倒，为所有靠近的人避风遮雨，提供庇护。

4 树荫下，一群学生正在讨论生命的真谛。坐在这棵让人敬畏的大树的树荫下吧，侧耳倾听喃喃耳语，感受生命的迹象。用心体验在这生命之树旁，你将会是多么的安心和满足啊。

给生命注入一份美好的希望

生活因为有了希望，生命的激情才能不断喷发；生活因为有了希望，生命之光才能持续燃烧；生活因为有了希望，生活才会变得如此灿烂和充满阳光；生活因为有了希望，生命才会有延续的渴望；生活因为有了希望，人与人之间的亲情才会不断令人向往。

用平和的心看世界

平和总是与平静、满足、自由及成就联系在一起。它向我们展示着一种相互尊重、公正、友好的关系。平和是一种过程感受，因此我们每天都以无数的方法来创造平和。

平和预示着一种和谐、静谧的氛围。如果内心平静，你就会发现自己处于安定、恬静和镇定的状态。内在平和是一种思想，身体和灵魂的状态，亦是一种内在的品质。无论是在创伤之中，还是在战乱之中，每个人都要保持内在平和的状态。当你想要保持一颗平常心的时候，请使用此曼陀罗帮助你保持平和之感。

拥有一颗平常心之冥想

1 静静地坐下，注目凝视，沉思为何鸽子总是和平的信使。即便面临灾祸，它也会口衔橄榄枝。这里，我们用凤凰传达着和解的深意。

2 在你灵魂深处为平和寻找一处居所，触及灵魂深处的净土。让自己身心放松，让和谐、平和的感受安抚你内心的躁动。

3 请接受现有的生活，不要让无休止的抱怨充斥你的内心世界。让平和的感受遍布全身，同时用这种体验影响身边的同伴，以缓和他们的苦楚。

4 透过心眼，想象与你熟识或者喜爱的人正在分享这种体验。将平和之心引入邻里之中，向人们传达你希望所有人和谐、融洽的美好愿望。让自然世界和宇宙都能够感受到这份平和、静谧。

平静心神

切勿允许自己的心神被干扰，心神一旦被外界扰乱，就容易失去控制，进而失去平静。学习摆脱各种诱惑，寻求内心的安宁。与人竞争，把自己跟他人作比较，都会令你无法集中注意力。体验自己的本质，试着与自己的灵魂建立联系，这样你就很容易得知哪些思想既无聊又一无是处。因此，用心去聆听吧！检讨自己，然后寻求改变。

CHAPTER 04

曼陀罗花园
身心放松的彩绘时光

神奇的曼陀罗几何图形几乎可以说是一种大众化的语言，它能够帮助我们了解那些被遗忘的古老的智慧，而且能够与我们的灵魂和梦境相依相托。通过接触这些智慧，我们能够了解到其他世界的生命及次元，并通过这些信息而得到自我治疗。拿起手中的画笔，在冥想的同时，借助色彩一起来平复心中的波澜吧。

曼陀罗上色的工具与手法

在梵文中，曼陀罗被翻译为 “圆形”，引申出来“以圆形代表宇宙；以方形代表地球与人类世界”的图形。通过描绘这些图形，能够缓解压力，得到自我放松，以及使自我得到提升。

什么是曼陀罗

随着时间的延长，曼陀罗的治疗效果会越来越好。研究证明，这些类似雪花、花朵、海星、海胆，以及公羊角的几何图形，它们反映并代表的永恒思想，在世界各民族的智慧中都存在着，不管是在亚特兰提斯、赖莫瑞亚，还是在后来的埃及、伊斯兰、凯尔特、日本、印度、欧洲，以及美国原住民的文化中，都能够窥见其迹。

所以，神奇的曼陀罗几何图形几乎可以说是一种大众化的语言，它能够帮助我们了解那些被遗忘的古老的智慧，而且能够与我们的灵魂和梦境相依相托。通过和这些智慧进行接触，我们能够了解到其他世界的生命及次元，并通过这些信息得到自我治疗。

另外，这些几何图形还可以使我们塑造未来的能力得到增强，并且能够使我们迅速进步。它唤醒了我们出生之前的灵魂细部记忆的洞察力，而这种觉醒的记忆将对我们了解今后需要学习的课程有所帮助，以此安顿我们的灵魂。

因此，通过对曼陀罗的思考，我们可以体验到一种前所未有的放松，就如同开始耕种纯净的农田和流动运行的诗篇，这些有条不紊的设计就像它们通过中心点赶上万物的节奏一样。

曼陀罗的上色手法

在彩绘曼陀罗前，我们首先需要准备一盒有 12 种颜色以上的彩色笔，然后先把左手放在图形上方，并闭上眼睛，将这种姿势保持几秒。头脑中将迅速产生和能量、运行、想法及温暖有关的印象。如果这种现象没有发生，也没有关系，并非所有的曼陀罗都会立刻对我们产生信息。如果曼陀罗没有立刻产生信息，那么记住：此时你使用的颜色，仍然会激发出你的潜能。

“七轮”中关于颜色的定义

曼陀罗中的颜色表达了个人内心深处的思考、感情、直觉，甚至身体的感知。

“中心”的颜色象征着当下对自己来说最重要的颜色。“开始画圆”的颜色象征着自我的界线，也就是自己愿意把哪一种颜色呈现给外界。“上半方”的颜色与意识过程紧密相关；“下半方”的颜色显示潜意识中的状态。在彩绘曼陀罗时，要注意那些特别浓重或者特别清淡的颜色。

曼陀罗的颜色象征

黑色

代表忧郁、失落或者悲恸的情绪。

象征：

- 要把个人的阴暗面进行整合，从而更加明白自己究竟是谁的一个过程。

白色

（有时以“银色”代替）

反映出在强烈的心灵体验后产生的一种矛盾情绪。

将白色涂抹于纸上：

- 代表制止，表示某些事物被隐藏着或者被忽略了；
- 把强烈的情绪隐藏在潜意识中。

象征：

- 增加灵性，以及随时面对改变的弹性；
- 通往心灵的窗口；
- 活力消失，并开始质疑本身的认知；
- 隐藏炽烈的情绪。

红色

（曼陀罗内经常出现的颜色）

当女性处于经期，红色出现的频率非常高。

其正面意义是：

- 内心深处有一股意念要求唤醒疗效、提升生命力；
- 需要一种更具内在智慧的力量；
- 有渴望成功的意愿。

其负面意义是：

- 代表着伤痛、暴怒、苦难。

蓝色

（荣格认为：蓝色象征着思考）

有一种彻底得到舒缓、放松、受到呵护、被照顾的感觉。

淡蓝色：

- 意味着无条件的爱、养育，以及同情心。

深蓝色：

- 意味着卷入是非、贪婪之中。

暗蓝色：

- 若所占比例较大，意味着与母亲之间存在着不可调解的冲突与矛盾；
- 代表一种沮丧、失落，或者困惑的情绪；
- 预示着心灵即将重生。

黄色

（荣格认为：黄色象征着能够从不完整的、片段的事实和印象中，掌握其本质和内涵的能力，即“直觉”）

黄色是意识、本质、认知，以及个性发展的重要指标。

其正面意义是：

- 富有希望的、轻快的色彩，意味着一种“希望活得更开心”的意念；
- 象征着已经做好学习新事物的准备；
- 代表着能够看清楚事物，能够为自己制订实实在在的目标，并且能够实现目标。

其负面意义是：

- 如果黄色过多，代表着正处于一种兴奋与沮丧交替的矛盾情绪之中；
- 暗示自己正在为了改变而改变。

绿色

（存在于那些从事教育职业的人士中）

绿色是自然之色，意味着成长。

象征：

- 拥有创造、治疗，以及自行更新的力量；
- 隐含的意思是照顾、呵护，或者保护他人。

橙色

意味着担心自身的力量，或者自己根本欠缺力量；有时也象征着权力。

其正面意义是：

- 暗示努力奋斗、强烈的认同感，以及健康的自信心。

紫色

如果紫色比例过重，代表自私、霸道，或者不切实际。

象征：

- 对人或事物的认同；
- 意味着拥有益于创作的、活泼的想象力，具有鼓舞兴趣、激情，或者吸引注意力的能力。

淡紫色：

- 象征着心灵正在积极地朝着正面的方向发展；
- 如果淡紫色的比例过重，意味着偏好幻想、经常逃避现实；
- 暗示身体缺氧等病态。

粉色

与感情生活有关，或者对别人的处境、态度，持一种宽容和接受的态度。

如果粉红色的比例过高：

- 意味着承认自身的弱点，害怕被人遗弃，以及需要被人照顾；
- 象征着因为疾病或者压力导致身体出现病态。

紫红色

具有传统女性能够释放自身的潜能，拥有自主力、自律力，能够认同自身的职业，或者能够进一步拓展自己世界观的女性特质。

其正面意义是：

- 代表激励、专注、活泼。

其负面意义是：

- 性情暴躁、任性，或者因为过度情绪化导致精神不集中。

棕色

在情绪上需要安全感，或者身体感到不适。

意味着重视健康、家庭、朋友、社交，以及家庭生活。

其负面意义是：

- 经常莫名其妙地轻视自己，办事懈怠，或者需要更多的安全感。

青绿色

需要对自己的人生进行心理治疗。

意味着一些痛苦的记忆逐渐被心灵掌控。

象征：

- 自己的心灵具有一种自行愈合伤痛的能力，但自己尚不知晓。

其负面意义是：

- 代表抑制情绪。

灰色

代表智慧、反省，以及相对性。

其正面意义是：

- 代表着在对立之间取得了平衡，得以调和。

其负面意义是：

- 代表沮丧、消沉，丧失感情，没有情绪。

01. 当你在社会中迷失自我的时候

1 在开始上色之前，请闭上双眼，静静地问自己，你想要通过什么方式来改变生活，以获得内心对压力的释放。

2 用自己喜欢的颜色和方式对这个曼陀罗进行上色。

3 当你完成这幅作品的时候，请在旁边空白的地方写出2~3条你自认为可以缓解压力、减轻焦虑的方式。只需运用自己的想象力即可，不用对自己写的东西有所顾忌。

4 重新审查这些建议，从中选出自认为行得通的方法，把它应用于下个月的生活工作中，并试图做出改变。

棕色

棕色和绿色一样，它们都是最亲近自然的色彩。在日本，棕色自古以来就呈现出不同的美感，而在江户时期，由棕色演变出的色彩变得越来越多。

Label

心理学家对于棕色的阐述

自然、稳重、坚强、朴素平实、保守、富有乡土气息、平凡、苦涩。

棕色 —— 令人感到踏实、拥有归属感的自然之色

无论是代表年代久远的树干、坚实的大地、动物的皮毛，抑或是食物，棕色都可称得上最亲近自然的颜色。

对人类来说，从沿着树干行走到站立在地面生活，棕色自始至终都环抱于我们的周围，一直扮演着“支持者”的角色。并且，棕色代表着大地，因此，从这些代表棕色的关键词来看，人们选择棕色，是因为它能够使人踏实、赋予人们温暖。

日常生活中对棕色的应用

如果想要身心放松、缓解压力，不妨在穿衣上多选择

棕色的服装，可以缓解肌肉的紧张，是人们在放松身心时用得最多的色彩。在材质上不妨试着选择一些棉料，它不仅可以给我们带来舒适，还可以令我们从中获得安逸感。

Q2. 当你身心疲惫、无处宣泄的时候

动动画笔

1 轻轻地闭上双眼，问问自己的内心，什么才是自己最真实的一面。静坐5分钟并专注于自己的呼吸。

2 现在开始对这个曼陀罗进行上色吧。

绿色

绿色同黄色一样，在东西方给人呈现出不同的印象。如今，在这个“环境当道”的社会中，绿色也自然而然地上升为最受瞩目的色彩之一。

Label

心理学家对绿色的阐述

安静、悠然、沉稳、年轻、爽朗、新鲜、安全、平和、公平、平凡。

绿色——自然之色、生命力的象征

“绿”代表的不仅仅是一个色彩的名字，它更是“自然”“生命”的代名词。在我们生活、工作的场合中，如果缺少绿色，也许正预示着环境恶化的加剧以及沙漠化的惨重状况。

人们看见“绿色”就会感到安心、舒畅，这并非简单地说明它在我们生活中的不可或缺。树木为了保护自己不被害虫侵蚀，抑制其他生物的生长、发育，会从自身散发出具有杀菌力的芳香性微细物质。经过证实，这种特殊物质在人体内可以起到缓解压力、放松身心的功效。也就是说，绿色的环境的的确确能够调节我们的身心，赶走我们的烦恼。

日常生活中对绿色的应用

在绿色的环境中散步，是调节心情最好的方法

身处自然之中，一边散步一边享受风景，不是一件很惬意的事情吗？针对抑郁症等疾病，散步这个最适度的运动方法，它会在大脑中留下“心情舒畅”的印象，也便成了每日的必做功课。在绿色的环境中，试着进行腹式呼吸，这对安定心神更是效果显著呢！

03. 当你的内心难以平复的时候

动动画笔

1 轻闭双眼，把一切的悲伤、怨恨暂且放下，切勿刻意去回想过往；然后理清自己的思绪，静坐5分钟并将呼吸调整到最佳状态。

2 现在开始对这个曼陀罗进行上色吧。

紫色

无论是在日本，还是在欧洲国家，由于紫色染料的贵重，使它不可避免地成了上流社会人人追捧的色彩。

Label

心理学家对紫色的阐述

高贵、神秘、公式化、不可思议、女性、妩媚、古典、华丽。

紫色 —— 神秘，且略带一点不吉利

在“高贵”“正统”“古典”等印象的背后，紫色，有时也象征了“疾病”“妖媚”“疯癫”等略带贬义的意味。在自然界中，与生命息息相关的紫色初体验，或许是人体死后，所出现的“尸斑”吧！正因为这些，人们觉得它代表着“不吉利”。当我们惴惴不安地怀揣梦想时，它仿佛又给人以暧昧、事与愿违的感觉。紫色，源于红色与蓝色的勾兑，因此它所体现出的“暧昧”色彩也就愈发严重了，或许由于这种暧昧，人们习惯称它为“神秘”。

日常生活中对紫色的应用

当我们对紫色越发执著时，正是身体不适发出的信号

色彩心理学家经过长时间的考证发现，当一个患有疾病的孩子正在使用紫色来画图时，他或许正在被一些难以痊愈的病状困扰。

纵观身体对紫色的反应，当我们处于极其敏感的时期，抑或是身体和精神上出现不适症状时，我们对紫色的依赖感就会大大增强。所以，人们说，紫色是代表疾病或死亡的颜色。

Q4.当你遇到问题毫无头绪的时候

动动画笔

1 想象自己漫步在树林或植物丛中，集中自己的意识去感受周围的美好风景。静坐10分钟后，调整自己的呼吸并进行吐纳10次左右。借助自然的力量，让自己回归平和状态。

2 现在开始对这个曼陀罗进行上色吧。

蓝色

蓝色，是全世界的人们最为钟爱的色彩之一。“红光蓝”“日本蓝”等这些专用名词的出现均是源于人们对“蓝色”最原始的钟爱。

Label

心理学家对蓝色的阐述

冰冷、冷静、神秘、孤独、安静、知性、爽快、信赖、自由、平和、诚实、忧郁、认真、深沉。

蓝色 —— 源于天空、大海的印象

在很早的时候，流传过这样一个故事：人类的祖先因为长期生活在树上，他们为了区分天空的“蓝色”和树叶的“绿色”，进而不断发展，最后终于直立行走，站立在地面生活了。

而蓝色给我们的最初印象莫过于“天之色”“海之色”了。因为无论是海水，还是天空，都给人以清澈、鲜明的感觉。而另一方面，“水”由于富有“阴凉”“冰冷”的一面，所以又给人以孤独、阴沉的感觉。

日常生活中对蓝色的应用

运用蓝色让心情变得沉稳

如果选用蓝色作为转换心情的颜色，那么，当心情变得浮躁、静不下来的时候，不妨试着用这支彩色的画笔，不假思索地一口气涂完它。但是，一旦我们陷入心情抑郁的状态，想通过蓝色的画笔得到缓解，反而会加重病情。所以，当我们想要从中解脱时，就试着选择白色或黄色等略浅的色彩，重叠地涂在蓝色上面，调整内心的平衡。

Q5. 当你毫无创造力的时候

动动画笔

1 想象你想获得的一种能力，如游泳、绘画、篮球等，然后试着在大脑中复制这些行为。在想象完成后，尝试调整自己的呼吸使其达到最平和的状态。

2 现在开始对这个曼陀罗进行上色吧。

粉色

在这个随处充满“浓郁”色彩的社会，粉色或许给人们留下的最深刻的印象是“浮夸”。但正是这淡淡的色调，却成了时尚女性的最爱。

Label

心理学家对粉色的阐述

可爱、亲切、甜美、年轻、幸福、浪漫、气质高雅、健康、任性、孩子气等。

粉色 —— 充满幸福感的健康之色

联想到粉色，我们或许会想到新生儿的肌肤、温暖的阳光等这些健康且甜美的事物。除此之外，有些人见到粉色，甚至就会马上想到自己身处于一个充满香气的花园中。这种淡淡的感触，也许就是人们口中常说的幸福感吧！

粉色因为带有石竹科草本植物的色泽，虽被称之为“浅色系的红”，但由于所属色系区域的广泛，像“玫瑰色”“淡紫色”也可以被划分到粉色系。在日本，人们常说“玫瑰色的人生”，这其中就暗指充满喜悦、祝福、爱情等惬意的生活色彩。天才画家毕加索，从蓝色时期的忧郁，过渡到粉红色时期对生活的热爱，正是源于他与菲尔南德·奥里威尔的同居。看！天才画家也抑制不住内心的喜悦，选择粉色来表达他浓浓的爱意了。

日常生活中对粉色的应用

利用粉色褪去内心的烦恼，让好心情追着你

拿起手中这支粉色的画笔，轻闭双眼，想着早上睁开睡意蒙胧的双眼，第一道阳光透过白色的窗帘透进来，此时的这种惬意，是否让你感觉被柔软的色彩包围着？深吸一口气，慢慢地呼出去！相信这种方法一定可以让你振奋精神，充满活力地去做每一件事。

06. 当你恋爱不顺的时候

动动画笔

1 首先平复自己过于烦躁的内心，轻闭双眼，对以往的事情不要过于执著。慢慢地从对过去的依赖中获取自由，就好像瓜熟蒂落一般。

2 现在开始对这个曼陀罗进行上色吧。

红色

红色代表能量，它有着举足轻重的地位，在世界范围内，红色总能成为一时的主流，改变着人们对色彩的各种印象。

Label

心理学家对红色的阐述

热情、强势、危险、恐怖、华丽、阳光、兴奋、爱情、愤怒、嫉妒、紧张、充满能量等。

红色 —— 强大内心、治愈忧伤的必选之色

“如果红色可以掌管命运，那么就从红色中获得能量。”——这句谚语从古至今都适用于人们的生活。人们将血液的颜色认定为红色，所以，它也就具备了驱邪避魔、强大内心的功效。

举个例子，在古罗马时期，统治者为了保护自身的安全，驱除妖魔鬼怪，总会选择红色的衣服，抑或是为在战争中取得胜利的战士用红色的染料涂满全身。在印加，红色是这个国家的保护色，他们会选择用红色的长布包裹木乃伊。在亚洲的一些国家，那里的人们现在还在使用红色的墙纸和染料来驱邪避魔。这样，我们在世界的各个角落，总是会发现那些古人留下来的与红色相关的魔法或咒语。

日常生活中对红色的应用

释放内心情感的强有力之色

如果你不善于控制情感，且为易暴怒的性格，那么遇到不顺心的事情，就选择红色的画笔尽情涂鸦吧。通过手指赋予画笔的重量，以及红色在纸上呈现的效果，都可以缓解情绪。倘若在完成这幅画后，还是有憋闷的感觉，那么就在这个图形上，用黑色或是较暗的画笔再轻轻地涂上一层，便可以起到缓和情绪的效果。

Q7. 当你无法从阴影中走出来的时候

动动画笔

1 身体保持深度放松，试着回想一些过往的人和事，看看身体会发生哪些反应。之后静静地去观察它们并学会辨别。当清楚地明白哪些因素导致你心情低落时，就可以利用冥想来缓解自己的紧张、压力。

2 现在开始对这个曼陀罗进行上色吧。

黄色

黄色在东西方的理解上差别较大，它可以说是一种受宗教差异影响最深的色彩。

Label

心理学家对黄色的阐述

明朗、希望、幸福、热闹、繁华、幼稚、紧张、嫉妒、草率、太阳、阳光等。

黄色 —— 永远的富贵之色

在我们的传统思想、阴阳五行中，黄色是万物的中心，它是太阳与富贵的象征、是丰收的颜色，它代表了至高无上的权力。在日本，黄色也同样是王朝的象征；在古代，它是普通百姓不可触碰的禁忌之色。

在佛教中，僧侣们身穿黄色的长袍。在中国，它则代表了寺院。佛教在刚刚兴起的时候，得道高僧们把穿着与黄色相关的长袍作为自己应尽的义务。而在古埃及，金黄色是面具、装饰品的首选之色。如果选用黄色的长布包裹木乃伊，则象征着永恒。

日常生活中对黄色的应用

爱上金黄色，表现了对幸福的渴望

当我们单纯地想像孩子一样去寻求幸福的时候，那么黄色则是你的首选。不要隐藏自己的内心，当你感觉自己对感情有一丝麻木的时候，就拿起一支黄色的画笔，像光一样，散发地涂在这个曼陀罗中，也许这样可以平复你的内心，找到自己对幸福最初的体验。当我们一时感到迷茫、无助时，不妨借助色彩的力量展现内心的强大。

Q8.当你想要分享成功后的喜悦的时候

动动画笔

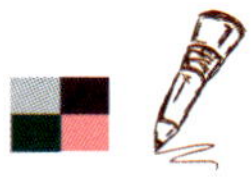

1 试着把自己的身心完全集中到要做的事情当中去，不要因外界的干扰而分心、忧虑。调动自己的感官，适应自己的喜悦之情流淌于肉体与自我之间。轻闭双眼，调整自己的呼吸至达到10次左右。

2 现在开始对这个曼陀罗进行上色吧。

白色

白色代表着光明与希望。它结束了世间的一切黑暗，所以众多的画家都选用白色来作为神灵的光圈。

Label

心理学家对于白色的阐述

纯粹、神圣、清洁、光明、平和、自由、紧张、宗教、未来等。

白色 —— 结束黑暗的光明之色

白色在很多文化中，都与黑色对立。那些习惯白天工作的人，他们对昼与夜、光明与黑暗都有着极其敏感的神经。

白色，因为带有了“光”的色彩，所以可以代表事情趋于明朗化。它结束了我们在黑暗中惶恐度日的时光，意味着既光明又充满希望的开始。因此，它在所有文化中，都与“黑色”唱着反调。黑色表现得越是恐怖，白色则越是闪耀，它是光明的使者，是正义、坚强的代名词。

虽然白色和黄色都代表了“光”，但是略带温暖、稍有一丝跳动的黄色，容易给人们留下焦躁的印象；而白色，则更显得庄重与严肃，被人们赋予了更多的神圣色彩。

日常生活中对白色的应用

想要放松的时候，别忘了换上白色的床单

如果你想换一种生活方式，展开全新的一天，那么不妨用白色来表达这份想要改变的心情。因为当你看见它，便会不自觉地放慢脚步，正是这样，才可以让我们的身心得到放松，进而休养生息。

Q9. 当你无法对工作集中精力的时候

1 当你的能量从中心向四方扩散时，就会失去原本的作用力。此时，消极情绪正逐步影响着你，就会出现注意力的离心现象。不妨试着将自己的全部注意力集中在一个动作上，关注你所给予它的变化。调整呼吸10~15次。

2 现在开始对这个曼陀罗进行上色吧。

黑色

黑色深邃、神秘、暗藏力量，它诞生于黑夜，背负着恐怖的负面色彩，但同时又因为它气场的强大，总是给人一贯干练、强势的印象，因此又是时尚界不朽的流行之色。

Label

心理学家对于黑色的阐述

强势、恐怖、孤独、反抗、黑暗、邪恶、不吉利、悲伤、高贵、帅气、绝望等。

与古代帝国相结合的黑色

在古埃及，黑色是象征生命与再生的颜色。所以，它们的安努毕斯神（引领亡灵去接受审判的埃神）总是以“豹面人身，全身被黑色包裹”的形象出现在人们面前。此外，由于黑色的强势印象，它也具有“辟邪驱魔”的功用。值得一提的是，女孩子化妆时用到的眼线，也具备了这个特点。而且当你在沙漠中行走的时候，它还能够起到刺激泪腺，预防角膜炎的超强功效呢。

而在基督教中，黑色也代表了谦虚与美德。若是作为赎罪或是再生的色彩，也很符合修道士的一贯形象。

日常生活中对黑色的应用

永远都是强大的后援“团队”

如果用一句贴切的语句来概括偏爱黑色的人们的心情，恐怕并不是那么简单，或许更多的人是源于想要通过黑色来增添勇气。比如说，当难以下决断，或是缺乏自信却又不得不做的时候，人们总是会选择黑色的衣服或配饰来“强大”自我。当你感到惶恐不安、难以度日的时候，黑色的服装则可以让你收紧散落的心情，对外界的刺激加以防御。

CHAPTER 05

慢生活
让我们爱上冥想

在这一章中，我们会为大家介绍瑜伽冥想的不同方法，以及冥想圣言“噢姆”。它们可以为我们提供更多放松的方式，令我们在一个长期的心灵“训练”中，找到一个最适合自己的舒压方法。

灵性提升
对生命的第二次洗礼

在《瑜伽经》中，对冥想有一则这样的定义：“所谓凝神，就是把心神集中在身体的灵性意识之中，或者把心神集中于某种神圣的形式上；所谓入定，就是心神流向专注对象的一种连续的意识流；所谓三昧（三摩地），就是在冥想中，对象的真实本性放出光芒，不再受感知者心意的扭曲，这就是三昧。”真正的瑜伽冥想，是指“凝神、入定、三摩地”这三个阶段。

冥想是一个对生命系统的能量释放、重组、修复、优化的综合过程。在冥想中，生命被透彻地洗礼，随后会更平和与宁静，这种对整个机体有深远意义的宁静状态，很难用只言片语说清楚。简单地说，只有在宁静之中，也只有处于宁静状态，才能够达到自我实现。

关于凝神、入定、三摩地的定义，已经非常明确地描述了其内涵与区别。值得关注的是，此时此刻，意识已经不再是最初静坐时候的意识了，而是处于一种“独特意识”的状态；在这个时候，意识聚焦之处、之物，已经不再是体内、体外某一点或者某一物了，而是心识想象或者记忆中的物象。凝神的过程就是要将独特意识再指向意识之内的某一事物影像，入定就是持续于所缘对象上静虑伺察，静虑的结果，导致“定中独特意识”的出现；三摩地则是定中独特意识的高级境界。

凝神

凝神，有时也被翻译成“专注”，也称执持、内醒、摄念，是冥想的第一个阶段。此时，需要心神专注于一处一物，但是此处此物已经不再是调心阶段时的一物或者体内某一点，而是意识之内的某一个影像。

在《瑜伽经》中，对凝神的解释是这样的：“把心神集中在身体的灵性意识以内，或者在体内、体外的某种神圣形式上。”

在《商积略奥义书》中，凝神又被解释为：“摄念（凝神）有三种情况：第一种是将意念执于‘自我’之中；第二种是将意念执于外空与心空之中；第三种是将意念执于地、水、火、风、空之中的一种元神形相。”在这里，“自我”是指脱离了凡世俗相的“真我”，即“宁静的、没有丝毫尘染杂念的自我心相”。

“外空”是指身体以外的虚空境相，是一种可以由太空的空阔虚无引发的自我之心的虚空静止。地、水、火、风、空这五大元素的元神形象，实际上就是指脱离了世间名相的“真实影像”，或者说是自我的真实心相。总而言之，这里所指的三相都离不开自我心中之相，它们应该是记忆之相或者想象之相。

我们把《瑜伽经》与《商积略奥义书》中的这两种解释比照着看，就可以知道凝神的基本对象，一是庄严相（有相），二是虚空相（无相）。不管是有相还是无相，都属于心相，都只是“记忆”中的形象。

在调心阶段，通过意识与某一感官的结合，完成从多重意识向独特意识的转变。此时，所谓的独特意识，既不是指入定中的意识，也不是指梦中的意识，而是一种散乱的独特意识。之所以说这是一种散乱的独特意识，是因为这种意识的凝注力还比较弱，仍然随时可能从观想注意的对象上游离而去。到了凝神阶段，就需要对散乱独特意识的这种倾向进行有效的控制，并竭尽全力使之专注于观想的目标，从而达到“定中独特意识”。

那么，在凝神阶段观想的对象，与调心阶段独特意识产生之前所指对象是否为同一物象呢？应该不是。因为在调心阶段，是通过某一感官与意识的配合而达到心系一物的目的，此物必须与所用的某一感官相对应，例如，与眼睛对应的是物、光等色相；与耳朵对应的是声响、音乐等。等进入独特意识后，就不再需要感官的配合了，此时就只有意识，意识不需要依靠五种感官寻找体外或者体内的某一点，而是回到内心，把意识记忆影像中的某一点作为自己观照的对象，此时的观照对象与前一段的观照对象相比，抽象意义更明显一些。

当修行进入这个阶段后，首先需要注意，要借助前一个修持阶段（调心）中的境相，让心境静如止水、注意力高度集中，然后进入凝神阶段，这样才能达到好的效果。然后需要注意的是，此时观想的对象或者为空，或者为心中影像，而不能是身外的眼前能看见的物体，耳边能听到的声音、鼻尖能闻到的香气、舌尖能尝到的味道、皮肤能感觉到的东西，也不能够是体内的气息。因为，此时只要感官一动，就会倒退到五俱意识或者单俱意识状态，也就与凝神背道而驰了。

入定

入定也称“静虑”“冥想”，它是冥想的第二个阶段。入定是针对对象“周流不断的知觉”，被称为“连续的意识流”。在这里，知觉是指在凝神阶段开始之时，心系于某一处的那种意念，也就是说心神一直维持着这个境界，不弃不离，不失不忘。

在《商积略奥义书》中，对静虑的论述有两种：一种是指“有功德者”，一种是指“无功德者”。“有功德者，谓之于神之形象而静虑也；无功德者，如自我之真性而静虑者也。”这句话的意思就是说：有功德入定，观想的对象带有“神圣”的色彩；而无功德入定，那么观想的对象纯粹是观想“自我真实”。或者说，有功德入定，需要依赖神圣的“他力”；无功德入定，只能依赖“自力”。

在《商积略奥义书》中，对入定的这两种情形所做的划分，是从前一个阶段中“凝神”的不同关注对象延续引申下来的。其实，不仅仅是在入定阶段，在凝神阶段就已经存在两种不同的对象，即有相的神明又兼具无相的空或者“自我”。

此处有一个问题：在调心阶段，强调的是“精神脱离知觉”，只有知觉与感觉的力量减弱，才能使注意力突出，但是这里却突出了“知觉”的作用，这是不是有些矛盾呢？应该说，这里的“知觉”，与认知过程中的“知觉、感觉、记忆”中的“知觉”是不同的，如果把这里的“知觉”说成是“觉知”或者“静虑”，可能更容易被人理解。事实上，进入入定阶段后，不再会简单依附于关注对象，而会仔细寻找观察，这时的记忆、思维、注意力是共同作用的，使意识以其依附的对象为契机，仔细观察思虑其中的真相、真理，思虑的结果，就是进一步清除妄想杂念，使得独特意识得到进一步澄清。等达到了极净之时，便又转向了“定中独特意识”。当定中独特意识产生后，精神主体就进入了定中，于是行者就自然而然地进入了三摩地的修行阶段。

三摩地

三摩地也称“三昧”“等至”“等持”“心一境性”，它是瑜伽冥想中的第三个阶段。在《商积略奥义书》中，它被称为：“情命自我与超上自我合而为一，无有三端（知识、能知、所知），以无上阿难陀（真智）为自相，以纯粹灵明为自性者也。”这与《瑜伽经》中的阐释“对象的真实本性放出光芒，不再受感知者的心而扭曲”是一致的。

经过了长时间专注的静虑，到达三摩地之时，意守的主体与意守的对象开始合而为一，意识主体对自身的知觉消失了，不再被记忆和自由联想干扰，思维也开始趋向于没有分别的状态。此时，观注者成了被关注者；通过自心来关注自心，而不再是关注其他。正如《瑜伽经》中说：“当所有精神涣散得以消除并且心注一处时，便进入了三昧状态。”

在瑜伽修习中，三摩地是最高境界，在这个境界中，“梵我合一”，知识、能知、所知都消除了。而这所有的一切，都是在一心之中实现的。从心静如水，到控制欲望和诱惑，再到独特意识、定中独特意识，无一不是控制心神的活动；而控制此心的，就是自己的内心。所以有人将这称为“以幻心破妄心”。在三摩地之中，身心无二、心境无二，此时，我、心、境已经彻底融合为一体，这个融合体便是“真我”，只有真我才能获得“真理”，并且与明辨、喜乐的觉受相应，而真理、明辨、喜乐的结合，又使得三摩地的境界由低至高，由欲界散地定到四禅、四空定、九次第定。

根据印度原始禅定论的说法，三摩地包括许多种类，而它们又分别归于等持与等至这两大类。等持包括欲界散地定与色界四禅。等至的音译是“三摩钵提”，它包括有心无心、有漏无漏等所有定体，也包括无色界四空定、无想定、灭尽定等，也有人将“等至”用来代指四禅八定的，称之为“八等至”，或者再加上灭尽定，称为“九等至”。

冥想的境界

冥想的境界，尤其是三摩地的境界，不能根据一般的思维来进行测度。因为定中独特意识并非寻常的思维形式，以心入心，以心入境，此时已经没有观者与被观者的对立，所有的都归于直观的明证。所以，在最后一节，随着冥想阶段的不断深入，我能够使用的文字也越来越少了。事实上，从“凝神”开始，已经没有多少技法与流程可说了，冥想越接近三摩地，越要求不要用功、不要用力，更不要用“心”。三摩地的境界是靠一念进入的，而不是靠工夫“做”出来的，因为三摩地本身并非物象，也非外在于心的某个实体，三摩地只是自己的心与心之间突然达成的一种默契、相印，在刹那间，观照者、被观照者之间的界限消失了，观照的能力霎时变得无限却又不必为观照者所用，因为不再有观照者与被观照者的对立，观照转换成为“亲证（直接进入体证）”。因此，观照者打破肉体凡心的局限，伴随二元合一的定体，进入色界、无色界，真正实现梵我一体、天人合一的至高目标。

冥想的“观”法

前面关于冥想的论述，大致都立足于意识通过凝于“一物或一事”而逐渐进入凝神、入定、三摩地阶段。在冥想理论与实践的发展中，冥想由简单的“事”向上用功，逐步升华到“理体”上。同时，冥想日渐演变为“定”与“禅”两个层面，定为“静”、为“止”为“寂”，

通过对感官的遏止而独存“定中独特意识”；禅为定中之“虑”之“观”。唐玄藏在翻译《瑜伽师地论时》，直接用了“止观”这个概念，而佛教密宗大师宗喀巴在《菩提道次第广论》中，直接用“止观”代替了“禅定”一词。对凝神、入定、三摩地这三个冥想中的阶段，虽然仍然有“止法”，但是相对于瑜伽八支的前几支来说，“止”的作用日益微弱，而“观”的地位日益突出。所以，在最后，我们有必要对冥想的“观”法作一下重点探讨。

对理体上的“观”来说，如何“入空”是最根本、最重要的问题。因为“自我”的本质或者真实的自我、梵我、神我，都是以“空”而居的，观达“空”性之理，就是证明“梵我”的根本，这既是深入三摩地各层次——四禅八定、九次第定的基础，也是瑜伽最终实现超然解脱的基础。所以，要讨论瑜伽冥想的“观”法，首先要讨论“观空”的问题。

冥想圣言
噢姆（OM）

在所有的瑜伽冥想体系中，最直接的可能是瑜伽语音冥想的功效，因为久经岁月的考验而广为人用。在练习瑜伽语音冥想时，可以与提升生命之气的功法进行配合，也可以单项练习。换句话说，一个人可以首先对生命之气进行操纵控制，从而控制感官，然后将注意力集中在瑜伽语音上，或者不用考虑自己当时的意识状态，直接开始瑜伽语音冥想练习。而瑜伽语音冥想本身就会导致人在专注中完全脱离感官的影响，并在执持、禅和的过程中，最终进入入定的境界。

语音冥想 —— 心与口的反复诵念

瑜伽语音冥想也称为曼特拉冥想。“曼特拉”是一个梵语词，可以分为“曼”和“特拉”两部分。“曼”指的是“心灵”，“特拉”指的是“引开去”。所以，“曼特拉”的意思就是：能够把人的心灵从各种世俗思想、忧虑、欲念、精神负担中引导开去的一组特殊语音。一个人只要能够专注于他的瑜伽语音，就能日益脱离愚昧无知。从这开始，瑜伽冥想进一步发展，逐渐演变为一种完美的禅，并最终进入入定状态。

在《瑜伽经》中，帕坦伽利把八支分法瑜伽中的执持、禅和入定描述成瑜伽冥想术中的三个阶段。在执持阶段，冥想者的心神总是会从冥想注意的对象事物上游离开去；在禅定阶段，冥想者的心神专注于某一点状态，这是最高的完美境界，被称为入定。

瑜伽语音冥想练习非常简便容易，并没有什么严格的规定。有时候，只需要心与口同时反复念诵即可，有时候只需要默念就可以了。在出声念诵的时候，有时候可以反复低声念诵；有时候可以用正常的语音大声念诵；有时候还可以通过有节奏的唱歌方式反复念诵；有时候念诵与呼吸的节奏可以同步，有时候节奏又不必完全同步；有时候可以坐着念，有时候可以站着念，有时候还可以走着念，等等。

在念诵时，有两种最常用的语音，即噢姆（OM）语音。“噢姆”代表宇宙原音，神的声音。在所有瑜伽语音体系中，“噢姆”语音是最有效、最简单的，也是能够把人们的心灵引向宁静、平和的一种语音。

噢姆 —— 让心灵跟随声音旅行

1 以冥想的坐姿随意坐立，闭上双眼，然后做几次瑜伽深呼吸，调整自己；

2 专注于自己的呼吸，每次呼气的时候，用深沉的声音念诵“噢姆”语音；

3 念诵时，将语音延长，与呼气同步，而不是冲口而出的短促语音；

4 进入状态以后，可以在每次吸气时，于心里默默念诵“噢姆”，在每次呼气的时候，出声念诵“噢姆”；

5 每次可以做11遍，然后重新开始，反复念诵。这个练习做多少次并没有限制，只是在练习的过程中，一定要注意掌握好自己的呼吸。

对许多瑜伽师来说，“噢姆—哈瑞—噢姆（OM HARI OM）”比“噢姆”更具有吸引力。“噢姆—哈瑞—噢姆（OM HARI OM）”也更能将冥想者的心灵引向平静、和平和充满爱的境界。

1 以一种冥想坐姿随意坐立，微微闭上双眼；

2 专注于自己的呼吸，每次呼气时，都用深沉的声音念诵“噢姆—哈瑞—噢姆”语音；

3 念诵时，语音要延长，与呼气的过程同步，而不是冲口而出的短促语音；

4 可以在每次吸气的时候，在心里默默念诵“噢姆—哈瑞—噢姆”语音；在每次呼气的时候，出声地念诵“噢姆—哈瑞—噢姆”语音；

5 这个练习，可以根据自己的情况灵活调整次数和时间，并无特殊的限制，但是要注意掌握好自己的呼吸。

有关冥想的其他方法

烛光冥想

取一支蜡烛，把它放在正面一臂远处，与目光平行，并专注凝视烛芯 1 ~ 3 分钟，直到眼泪慢慢渗出，然后闭上双眼，尝试用眉心继续凝视烛芯，反复 3 ~ 5 次。

功效：

缓解眼部疲劳，使目光纯净，增强视力，同时使大脑放松并得到平静。坚持长期练习，能使双目炯炯有神、闪亮如炬。

睡眠冥想

仰卧在地面上，放松全身各个部位。闭上双眼，然后从脚趾开始到头顶，逐步扫描自己全身，速度越慢越好，最后从头顶扫描到整个背部，如此反复 11 次。

功效：

迅速让身体和大脑获得放松。长期坚持有效练习，能提高睡眠质量，轻松自如地进入深度睡眠，每天坚持 30 分钟的睡眠冥想，能够达到 3 个小时睡眠的效果。

充电冥想

端坐或者仰卧，只要感觉舒服就行，然后开始观察自己的呼吸，此时头脑中不要有任何思绪。如此不断反复观察自己的呼吸，每次持续 10 ~ 30 分钟。

功效：

能够不断接近自己身体的能量源，有效发掘并激活全身的潜在能量。

舞蹈冥想

选择一曲自己有特殊感受，并且能够很快让自己的心绪变得平静的音乐，缓缓闭上双目，让身体随着音乐的旋律随意舞动。30 分钟后，平躺在地面上，然后开始观望全身，持续 15 分钟。

功效：

能够有效缓解抑郁情绪，尤其适合有自闭倾向或者患有自闭症的人。